裂隙岩体峰后力学特性研究
——试验、力学模型及数值模拟

LIEXI YANTI
FENGHOU LIXUE TEXING YANJIU
SHIYAN LIXUE MOXING JI SHUZHI MONI

汪 雷 韩建新 焦金锋⊙著

西南交通大学出版社
·成 都·

图书在版编目（CIP）数据

裂隙岩体峰后力学特性研究：试验、力学模型及数值模拟／汪雷，韩建新，焦金锋著. —成都：西南交通大学出版社，2015.3
ISBN 978-7-5643-3817-6

Ⅰ. ①裂… Ⅱ. ①汪… ②韩… ③焦… Ⅲ. ①岩石力学－研究 Ⅳ. ①TU45

中国版本图书馆 CIP 数据核字（2015）第 057130 号

裂隙岩体峰后力学特性研究
——试验、力学模型及数值模拟

汪　雷
韩建新　　著
焦金锋

责任编辑　姜锡伟
封面设计　墨创文化

印张　7.75　　字数　139千	出版发行　西南交通大学出版社
成品尺寸　170 mm×230 mm	网址　http://www.xnjdcbs.com
版本　2015年3月第1版	地址　四川省成都市金牛区交大路146号
印次　2015年3月第1次	邮政编码　610031
印刷　成都蓉军广告印务有限责任公司	发行部电话　028-87600564　028-87600533
书号：ISBN 978-7-5643-3817-6	定价：30.00元

前　言

　　天然岩体本身通常含多组不规则裂隙，工程中洞室开挖后，其周边通常会产生许多贯穿裂隙。贯穿裂隙的存在，不仅使围岩的各向异性十分显著，同时造成了围岩的不连续性，使围岩的强度降低，变形破坏更加复杂，直接影响洞室围岩的稳定。深部岩石工程中裂隙岩体峰后碎裂变形破坏行为，一方面引起了围岩破裂，另一方面也影响和改变了其周围的应力场。尽管围岩破裂，但破裂后的围岩在地应力或锚固作用下其周围应力场发生改变，仍然会形成与破裂相适应的稳定状态。因此，分析裂隙对于岩体的稳定性和破坏性质的关系，尤其是分析含不同倾角贯穿裂隙岩体的峰值强度破坏之后的变形和破坏的性质，对峰后破坏的岩体进行加固、保持其稳定性而找寻合适对策有较强现实意义。

　　本书采用单轴和三轴压缩试验、数值模拟、建立力学模型等方法研究贯穿裂隙岩体峰后变形破坏的性质，对深部岩石工程的洞室开挖的围岩稳定性的预测、锚固和事故分析起到一定参考价值。

　　全书分 7 章。第 1 章概述了贯穿裂隙岩体峰后特性研究的发展历程和研究现状。

　　第 2 章通过单轴压缩试验研究，得出不同倾角裂隙岩体峰值强度、泊松比、弹性模量、峰后试泊松比、体积变形等结果，分析贯穿裂隙倾角对裂隙岩体峰后的破坏和变形特性的影响。

　　第 3 章通过常规三轴压缩试验研究，较好地模拟了地下洞室开挖时地应力对围岩稳定性的影响，得出贯穿裂隙倾角和围压大小对岩体破坏形式的影响以及对峰后变形特性的影响。

　　第 4 章基于 Mohr-Coulomb 强度准则和试验数据，将裂隙岩体峰后应力-应变关系简化为两种类型，给出了其峰后应力-应变关系式的求法。

　　第 5 章建立了裂隙岩体锚杆加固的力学模型，并分析出锚杆加固的优化方法。

第 6 章对贯穿裂隙面采用结构面的处理方式进行数值模拟，经计算得出的规律与室内试验的结果有很好的相似度。

第 7 章结合洞室围岩开挖和支护实际建立力学模型分析围岩与支护的相互作用机理，给出了围岩破坏行为由结构控制转化为应力控制的临界初始应力的解析解。

本书主要是作者在共同参加国家重点基础研究发展计划（973）资助项目（2010CB732002）、国家自然科学基金面上基金资助项目（51179098）的基础上所取得的研究成果。

本书的完成，在很大程度上归功于李术才教授和李树忱教授的悉心指导和支持，在此谨向两位恩师致以诚挚的感谢和敬意。

由于作者水平有限，书中难免有疏漏和不妥之处，敬请读者批评指正。

汪 雷　韩建新　焦金锋

2014 年 12 月

目 录

第 1 章 绪 论

1.1 引 言

自然界中的岩体大多是由含不同类型结构面（裂隙、节理、断层、褶皱等）的岩石构成的，也就是由岩石块体和非连续结构面组成的地质结构体。本书对含节理和裂隙的岩体不加区分，均称为裂隙岩体。岩石内部裂隙的贯通模式分布以及分布情况对材料强度、变形及破坏有着重要的影响，在地质环境和工程扰动作用下，相邻裂纹扩展和相互贯通是工程岩体的主要破坏方式。

由于岩土工程施工中所遇的岩体大多为裂隙岩体，裂隙面是影响岩体强度和变形特性的主要因素，因此，研究裂隙岩体的稳定性，特别是研究裂隙面的影响因素有很强的现实意义。

随着人类空间的不断拓展，地下空间的利用越来越广泛，开采的深度也越来越深，例如 2010 年 12 月完工的中国四川暗物质国家实验室已达到地下2 000 m 以下范围，而国内煤矿开采深度很多也达到了地下 1 000 m 以下[1]。高埋深地下工程的岩体在高围压作用下的稳定性研究就越发重要，特别是裂隙岩体在达到峰值强度破坏后，甚至出现更严重的破裂状态，但是破裂后的围岩在地应力作用下大都仍能保持相对的稳定；或是锚固作用下使其周围应力场发生改变，形成与破裂相适应的稳定结构，加上地下围压的作用且围压继续保持一定的稳定性，因此不同围压作用下的裂隙岩体峰值破坏后的强度和变形特性的研究有很强的实际意义。

高地应力下裂隙岩体的破坏从弹性阶段开始转入到塑性阶段时，其稳定性就越发复杂，特别是裂隙岩体在达到峰值破坏后残余强度的变化规律和随着裂隙倾角和围压等的变化规律是目前研究所欠缺的。

岩体在峰值强度后的体积变形实际上是膨胀变形，此时的横向应变将超过轴向应变，有时甚至是其 2 倍左右，而普通的泊松比在峰后阶段也失去意义，而使岩体迅速破坏的原因也是在于体积迅速膨胀及体积扩容引起的碎涨效应，因此，对侧向变形和体积变形与岩体破坏关系的研究具有较高价值。

开展对裂隙岩体峰值后破坏和变形特性研究，特别是高围压环境下峰值后的裂隙岩体的强度和变形特性的研究，能对当前地下工程开挖中稳定性的预测和支护方案的选择等提供一些理论支持。而在实验室中开展室内试验是比较好的研究方法。由于岩体是含有很多杂乱裂隙的复杂体，可以先从微观开始，即从完整岩石到单条裂隙岩体再到多条裂隙岩体逐步开展研究[2]。

1.2　贯穿裂隙岩体峰后力学特性研究现状

近年来，在裂隙岩体的峰后变形破坏特性研究方面，人们从理论分析、室内模型试验和数值分析等几个方面都开展了一些研究工作。

1.2.1　岩石峰后力学行为研究发展

岩石力学理论体系最早是源于对金属材料的力学性质研究。随着岩石力学性质研究的不断深入，岩石力学性质的应用范围越来越广泛。而作为工程载体的岩石材料，是由各种矿物颗粒、孔隙和胶结物组成的，且在实际情况中，岩石在荷载作用下经历了弹性变形、塑性变形再到峰后破坏阶段，随着变形的不断加大，应力也相应地作出改变，因此，研究岩石峰后力学行为可以被认为是研究岩石力学性质、建立精确的本构模型的最有效方法之一。

众所周知，岩石的全应力-应变曲线具有离散性和多样性的特点。首先，由于岩石的强度和变形具有时间效应，同一块岩石的强度会有所不同，不同加载过程也会导致岩石的强度不同；其次，岩石的流变性导致的蠕变和松弛效应，会使得岩石的长期强度明显小于全应力应变曲线的峰值强度；另外，岩石强度具有尺寸效应，试块尺寸越小则强度越大。在岩石成岩的过程中，矿物成分、胶结物质的不同导致岩石成分的区别，而后期所经历的千差万别的地质作用，更使得岩石具有了不同的变形特征。在单向压缩试验时岩石所得到的变形特征，仅仅反映了岩石在到达所谓的"破坏"前的力学特性。岩石的物理力学性质决定了绝大多数的变形属于脆性破坏，当到达"破坏点"的时候，岩石试件瞬间崩溃，此时试验仪器无法记录下"破坏"后的应力应变曲线，对于岩石"破坏"后的状态是无法知道的。大量的试验研究表明：岩石材料达到"破坏"的瞬间，试验机给予岩石试件的附加应力是加剧岩石崩溃的主要原因，因此，只有当试验机的刚度大于岩石的刚度时，才有可能记录下岩石峰值应力区的应力-应变曲线。

岩石材料试验机的发展与破裂过程试验的研究发展息息相关。在刚性试验机问世以前，小刚度试验机上试样在加载时会失稳，人们误将这种现象以为是岩石材料的固有属性。直到 1935 年 Speath 在铸铁塑性变形测定试验中，发现试验机的刚度小于试样刚度时可能会导致试样失稳破裂。

自此以后，科学家们才注意到试验机与试样都对材料的破裂过程产生影响。此后，1938 年，Kiendl 和 Maldari 首次通过试验测到了混凝土峰值强度后的应力值。1943 年，Whithey 首次较为明确地解释试样失稳的主要原因是，加载过程中低刚度试验机储存了大量的应变。Cook 于 1965 年在普通试验机上增加了一根钢管柱，与试件的长轴平行，这使得试验机的刚度增加了 5 倍，有效地控制了试样破坏时试验机的猛烈程度，并且首次获得了花岗岩和大理岩等试件的全应力-应变曲线，这也开创了岩石峰后过程研究的新时代。

此后，1969—1970 年间，Bieniawski、Wawersik 和 Fairhurst 先后利用刚性试验机对岩石峰后破坏过程进行了研究。但是，由于刚性试验机不能控制变量，试验研究陷入了困境。

因此，电液伺服控制刚性试验机迅速发展起来，这种试验机可以控制荷载、位移、应变、能量以及加速度等多个变量，对进一步研究岩石峰后破坏过程和影响因素有积极的推动作用。通过所获得的全应力应变曲线，岩石力学的研究者们认识到荷载作用下岩石材料劣化的过程。

但是，这些试验并不能完全与工程实际相符合，这种受控岩石的变形和破坏过程与真实的破裂过程并不相符。因此，1987 年，唐春安教授[3]提出了岩石试样全应力应变曲线在任何加载情况下均存在的观点，并运用普通的刚性试验机加载，通过自主研发的高频率响应观点位移传感器验证了此观点。

自 1911 年 Von.Karman 首次创立岩石三轴压力试验，多年来三轴试验一直被认为是研究复杂应力下岩石力学性质的主要手段，也是创立岩石强度理论的重要实验依据。在岩体工程中，尤其是地下岩体工程，岩石一般处于三向应力状态。因此，岩石三轴试验对于研究岩石破坏过程有重要的意义[4-9]。

由上述可知，所谓应力-应变全过程曲线，是指在刚性试验上所获得的包括岩石达到峰值应力之后的应力-应变曲线。在应力值过了峰值点之后为应变软化阶段。此时应力水平已超出了峰值应力，岩石突然的"崩溃"只是一种假象，岩石仍具有一定的承载能力，而这一承载力将随着应变的增大而逐渐减小，表现为明显的软化现象。如果反复地加载-卸载，曲线会形成塑性滞环，且塑性滞环的平均斜率是在逐渐降低的，这也体现了应变软化的特征。而对于岩石峰后应变软化阶段力学性质的研究也是由来已久。

1997 年，Hoek[10]提出估算岩石全应力-应变曲线的方法。经过总结前人的研究，他将三轴试验所得到的全应力应变曲线分为 3 种类型（图 1.1）。

Hoek 在他的文章中提出了非线性的趋近，模拟 E_{pp} 峰后的变化趋势。观察岩石破裂的相关力学行为，一般都将峰值强度看作是围压的函数。

（1）在零围压，即单轴压缩时，超过峰值点，岩石发生脆性破坏，应力值急速下降，最终达到稳定。

（2）当围压值取岩石的弹脆性转折点时，此时将岩石视为塑性体，随着应变的增加，应力值基本保持稳定。

（3）当围压值处于上述两种围压值之间时，峰后应力-应变曲线视为一条倾斜的直线，且假定其斜率为常数 E。

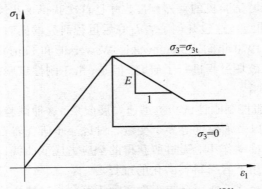

图 1.1　岩石峰后曲线的三种模式[50]

通过大量的三轴试验可以知道，随着围压的增大，岩石的屈服应力随之提高；岩石的弹性模量虽然变化不大，但有随围压增大而增加的趋势；随着围压的增加，峰值应力所对应的应变值有所增大。

E. Hoek 和 E. T. Brown[10]提出了利用非线性的趋近曲线模拟峰后弹性模量 E_{pp} 的变化趋势。观察岩石破裂的相关力学行为，一般都将峰值强度看作是围压的函数[11]。

岩石这类脆性材料峰后力学行为的研究已经取得一定的成就，不少损伤本构模型已经建立，D. Krajcinovic 等[12]建立了一种简单的统计损伤模型，形式简单、参数易于获取。也有学者对峰后曲线的各个影响因素进行研究，如 Z. Fang 和 J .P. Harrison[13]提出的岩石峰后折减系数。这些考虑的影响因素较为单一，因此曲线和实际也有一定的差距。

1.2.2　岩石峰后破坏变形特性理论发展过程及研究现状

节理裂隙岩体的强度和破坏特性研究很早就引起了国内外岩石力学界的普遍重视，Jaeger[14]对含一组结构面的各向异性岩体，假定岩块与结构面的破坏都满足经典的线性 Mohr-Coulomb 准则，得到含单一结构面岩体的破坏变形特征是受结构面的方位控制的结论，并推导出了相应的理论公式，提出了著名的"单弱面理论"。

一些岩石力学专家将断裂力学、损伤力学等引入岩石力学中，对裂隙岩体的强度和变形等特性进行分析。

唐辉明等[15]运用等效连续介质法提出确定规则裂隙和不规则裂隙岩体等效变形参数的一种模型，探讨了岩体等效变形参数的规律。

晏石林等[16]提出了一种研究贯通节理岩体等效弹性参数的近似模型，导出了贯通节理岩体基本弹性常数的解析估算公式，分析了多组节理的存在以及节理面的倾角对岩体性能的影响。

P. H. S. W. Kulatilake 等[17]运用张量与组件的理论进行分析，用模型试验进行验证理论，并得出裂隙岩体的强度变形特性与裂隙张量组件之间的非线性关系。

李树忱等[18-29]从岩石的细观结构层次出发，基于最大拉应力准则和应变能密度理论建立单元破坏准则，并应用弹性损伤力学方法来模拟岩石的破坏行为，得出岩体破裂与能量耗散之间的关系。

朱维申等[30, 31]用损伤-断裂模型并运用几何损伤分析法考虑岩体节理裂隙的影响，得到了基于莫尔-库仑准则的岩体初始损伤本构方程。

Weiyuan Zhou 等[32]用不连续的分歧理论对裂隙岩体建模并进行多种可能性的分析，他们对溪洛渡大坝进行分析计算并得出了较好的结论。

Mahendra Singh 等[33]用离散元的理论采用 UDEC 软件对裂隙岩体的高侧向应变率进行分析。

曹文贵等[34]用数学统计和损伤的方法，利用岩石微元强度服从 Weibull 与正态分布的特性，分别建立了反映岩石变形破坏全过程的损伤概率本构模型，并加以验证。

孙广忠等[35-37]通过结构力学、塑性力学知识对岩体的性质进行分析，使得研究岩体力学变形等性质的手段更为丰富。

1.2.3 室内模型实验

岩石性质的研究是工程中非常重要的一环，而且只能依赖于岩石的科学实验才有可能得出结论。岩石力学科学实验，包括室内试验和现场试验（包括原型观测）。室内试验包括岩块实验和相似材料模型试验[38]。

试验方法是研究裂隙岩体强度特征最直观的方法，也是直接获得岩体力学特性比较有效的一种方法。一般认为，研究岩体力学性质较为实际的方案是通过相似材料的模型实验进行研究，观察变形规律、破坏机制及力学效应等。其基本方法是根据相似原理，模拟裂隙岩体的几何性状及物理特征等，通过室内试验来获取模型的基本参数[39]。

由于制作模型试验相对容易实施，因而用类岩石材料进行的物理试验方法为国内外众多研究者所采用，获得了较多的研究成果[40]。

模拟岩石这种脆性材料在加载作用下的变形与强度特性，通常采用类岩石材料，如用石膏、水泥砂浆等与其他混合料按一定比例配制来模拟岩石，它们一般具有与岩石材料相似的两个重要特征：脆性特性与单轴压缩下的剪胀特性。

朱维申等[41]曾采用黄砂、重晶石粉及有机聚合物黏结剂制成的试件单元体，模拟了几种不同节理展布模式下模型材料的平面应变试验，对比不同节理试件的变形破坏模式，研究了侧压、节理连通率及第一主应力与节理夹角的变化对岩体强度的影响。

M. Prudencio 和 M. Van Sint Jan[42]阐述了非贯通预制节理模型的双轴试验结果，试验显示了 3 种破坏模式，即共面破坏、渐进破坏和旋转破坏。

Z. Y. Yang[43]等用石膏、砂子与水的定量配比所获得的模型材料及人工切割的节理进行试验，在单轴应力状态下，分析了两组与三组非正交节理组组合的节理岩体模型的破坏模式、力学特性及节理组间的相互作用。

P. H. S. W. Kulatilake[44]等用石膏、砂子与水制成模型材料，在木质框架与电镀片材的模具中浇筑成试验用的节理样品，通过反复的单轴试验给出了节理组构（应用包含有节理组数、节理密度、节理方向及节理分布信息的断裂张量表示）与节理模型强度间的定量关系。

陈新等[45]用石膏与水等材料制作模型，制作含不同角度及不同连通率预制裂隙的长方体试件利用液压伺服机进行试验得出随着节理连通率的增大应力-应变曲线的延性增强，曲线由单峰曲线变为多峰曲线。

夏才初等[46]用含贯通裂隙节理的岩石进行三轴试验，得到了含节理岩石试件在两种不同主应力差卸载路径下的变形试验结果，发现应力路径对含节理岩石试件的变形特征有明显影响。

李宏哲等[47]用含有贯通节理的大理岩岩块加工制作成标准试块，并进行三轴加压，得出试件表现出两种破坏形式：沿节理面滑移或穿切节理面破坏。试件发生哪种形式的破坏，主要取决于裂隙面与轴向应力之间夹角 θ 的大小，$\theta < 40°$ 的试件沿节理面滑移破坏，$\theta > 40°$ 的试件则穿切节理面破坏。在试验围压范围内，围压高低对试件破坏形式没有影响。试件破坏强度主要取决于节理面与最大主应力的夹角。

　　肖桃李等[48]通过在类岩石材料中人工预制单裂隙，以常规三轴压缩试验为手段，研究单裂隙岩体的强度特征及破坏特性，研究结果表明：单裂隙试样强度不仅具有明显围压效应，而且与裂隙倾角和尺寸关系密切。

　　尤明庆、杨圣奇等众多学者[49-71]从裂隙岩体的裂隙贯穿程度、尺寸效应、时间效应、耦合等方面进行了大量的单轴压缩和三轴压缩试验研究。

1.2.4 数值分析

　　该方法运用室内物理力学试验结果进行分析，建立更符合工程背景的力学模型，用岩土工程相关计算机软件进行数值建模及数值计算，不受任何限制，且方法简单灵活。其具体做法是首先进行现场的勘测并对岩体进行取样分析，根据实验室测得的岩石和裂隙面物理力学性质的相关参数，并根据这些室内试验的数据得出与岩体的破坏变形相适合的力学本构关系，再根据得到的参数对本构关系进行调试或者建立更符合实际情况的新本构。然后采用相关软件进行建模，导入岩土工程专用的分析软件中，运用已经建立的新本构关系进行编程再进行数值计算，能够较为准确地得出与现实相符的计算结果。

　　Mahendra Singh 等[33]采用 UDEC 软件对裂隙岩体侧向应变与轴向应变之间的关系进行分析。焦玉勇等[72]用 DDARF 软件模拟节理岩体破坏全过程。更多学者采用过 FLAC 3D 软件模拟裂隙岩体试件的破坏变形等特性，以及分析地下工程开挖和边坡稳定性等实际工程运用[73-82]。

1.2.5 工程应用（隧洞稳定性）研究现状

　　当作用于岩体的初始应力较小或岩体自身强度较大时，洞室开挖后仍处于弹性状态。在隧洞的弹性解答方面，深埋隧洞的弹性解答在过去研究得较多[83-85]。Yu 和 Mo[86]在 1952 年，利用 Muskhelishvili 在 1933 年提出的复变函数方法，给出了深埋水平椭圆形隧洞在岩土体自重下引起的应力解答；PoufoS 和 Davis[87]则在其著作中系统地研究了无衬砌和衬砌隧洞的问题，首次给出了相对刚度法的提法。进一步地，Pender[88]和 Sagaseta[89]分别研究了不考虑自重情形下的隧洞应力和位移问题。Gercek[90, 91]首先给出马蹄形隧洞在原岩应力场作用下的应力场解答。而 Gercek 的解答不足之处在于：（a）没有考虑隧洞开挖造成的应力释放；（b）没有获得位移场的解答；（c）没有考虑支护对应力和位移场的影响。近年，Exadaktylos[92, 93]等利用复变函数的保角映射方法，分别给出了断面为半圆形和锯齿形深埋隧洞的封闭形式和半封闭形式的解答；Huo[94]

等研究地震区的深埋矩形衬砌隧洞的应力场分布，其中，地震对结构的影响等效于无穷远的静态载荷作用于结构，而将衬砌当作梁结构来处理。国内的不少学者还应用复变函数的保角映射技术研究了非圆形洞室的应力集中和洞形优化问题[95-99]。

　　以上研究都是针对于深埋隧洞的，可以不考虑地表的影响，但当隧洞埋深较浅时，必须考虑地表和埋深的影响，深埋隧洞理论将不再适用[100, 101]，对于浅埋隧洞的研究主要采用有限元和边界元等数值方法。早期 Jeffery 和 Mindlin[102-104]分别利用双极坐标法给出了浅埋隧洞的弹性解答，地面荷载对隧洞应力场和位移场的影响在他们的解答中得到了考虑。Verruijt 等[105-108]分别研究了不考虑岩土体自重、第二类边界条件情形下，无衬砌浅埋隧洞的变形导致的地面变形问题，以及考虑岩土体自重情况下，由于隧洞构造而产生的浮力效应所导致的地面变形问题。王立忠和吕学金[109]应用 Vemiijt 提供的基本解法，采用共形映射方法，把包含一个圆形孔洞的半无限空间区域映射为圆环域，然后把这个区域内的解析函数展成 Laureni 级数的形式，求得隧洞周边给定位移条件下的应力场和位移场，分析了不同埋深、不同泊松比对位移的影响以及不同埋深对应力场的影响；韩煊和李宁[110]则采用 FLAC 数值分析软件研究了隧洞衬砌在土水压力的作用下，断面所产生的椭圆化变形引起的地层位移规律，并基于随机介质理论，给出了计算隧洞椭圆化变形引起地层位移的方法。浅埋隧洞地层压力常用的计算公式为太沙基（Terzaghi）公式及毕尔鲍曼（Bierhaumer）公式[111]，然而，毕尔鲍曼公式未考虑黏聚力的影响，且内摩擦角大于 30° 时，不再适合。太沙基（Terzaghi）公式中的侧压力系数是一个经验数字，各类地层的侧压力系数值难于正确确定，且侧压力系数也未考虑黏聚力的影响。针对上述不足，谢家杰[112]在垂直压力和侧压力的计算中考虑了内聚力和内摩擦角、洞顶荷载和地面坡度的影响，也考虑了破裂面抗剪强度在破裂面形成过程中和形成以后的变化的影响，分析了在浅埋隧洞施工和运营过程中所发生的变形现象，推导了浅埋隧洞地层压力的计算公式。隧洞衬砌升温时产生压应力，降温时产生拉应力。作为衬砌材料的混凝土是抗拉强度远低于抗压强度的材料，常难抵抗低温与荷载联合作用时产生的拉应力而开裂。因此，随隧洞进行温度应力计算，便成为设计中必不可少的重要部分[113-115]。文献[116-120]在考虑温度应力的情况下，对隧洞围岩进行了弹性分析。

　　上面提到的解答主要是弹性解答，当作用于岩体的初始应力较大或岩体自身的强度较低时，洞室开挖后，洞周的部分岩体应力超出了岩体的屈服应力，使岩体进入了塑性状态。随着与洞壁距离的增大，最小主应力也随之增大，进而提高了岩体的强度，并使岩体的应力转化为弹性状态，岩体的二次应力状态呈现弹塑性并存的状态。经典的弹塑性解答有 Fenner 公式、Kastner 公式、Caquot 公式和修正的 Fenner 公式[121-123]。无论是 Fenner 公式、Kastner 公式，还是 Caquot 公式，都未考虑衬砌本身对于围岩的制约作用。实际上，围岩压力是通过衬砌和围岩的共同作用来承担的。关于衬砌和围岩的干涉作用，国内外有大量的研究。任青文等[124, 125]针对上述经典解答在屈服准则主应力选取方面的缺陷进行了修正，且考虑了衬砌和围岩的协调作用。王明斌等[126]则针对以往模型的缺陷，建立了可以合理考虑隧洞修筑过程的应力释放、衬砌施筑顺序以及衬砌本身对围岩的制约作用的力学模型，并进行了敏感性分析。而俞茂宏等[127-129]利用双剪强度理论和以双剪应力单元体为物理模型的统一强度理论，并充分考虑了中间主应力处在不同应力条件下时对材料屈服或破坏的影响，得到了考虑材料软化、剪胀特性的若干解答，将所得和经典解答进行了对照。齐明山和蔡晓鸿等[130]针对经典的芬纳公式和修正芬纳公式由于塑性区半径的不确定性，考虑围岩与衬砌的共同作用，在未作塑性区体积不变假设的条件下，推导得到塑性区半径的理论计算方法，从而可以直接应用修正芬纳公式计算围岩压力，为隧道衬砌设计提供指导；同时，还考虑到水工压力隧洞在均匀内水压力作用下径向应力恒为拉应力，切向应力恒为压应力这一特征，重点考察了被人们忽视的岩石拉应力区 Mohr-Coulomb 包络线，建立了水工圆形压力隧洞衬砌与围岩的弹塑性应力计算方法，给出了水工圆形压力隧洞衬砌与围岩加载应力和卸载残余应力的解析表达式，纠正了 Mohr-Coulomb 包络线拉应力区在水工压力隧洞研究中长期被忽视所造成的错误[131]；此外，根据岩体变形试验结果，采用塑性理论线强化模型，考虑围岩的蠕变效应和初始地应力等因素建立了水工圆形压力隧洞岩石抗力系数的计算方法，得到了一个普遍的公式[132, 135]。另外，应该指出在隧洞设计中应用较多的是收敛限制法。"收敛限制"这一术语最初是由法国的科学家 Fenner 提出的，Carranza-Torres 和他的合作者[136, 139]利用收敛限制法，给出了基于 Hoek-Brovm 破坏准则和 Mohr-coulomb 破坏准则的诸多弹塑性解答。Brown 等[140]在 1983 年，还给出了基于 Hoek-Brown 破坏准则的理想弹塑性、弹-脆-塑性的解答。然而，Wang[141]指出文献[140]对于塑性区半径和位移场的解析解存在错误，给出了数值解。不过随后 Sharan[142]指出文献[140]对于塑性区半径的解答是正确的，并给出了基于位移相容考虑的理想弹脆性解答，文献[143]在此基础上利用数学软件来求其中的积分部分，使计算位移问题得到简化。Lee YK 等[130-151]在不考虑围岩对衬砌制约的作用下，利用应变-软化模型对围岩进行了弹塑性分析。文献[152-158]对洞室围岩也进行了弹塑性分析。另外，考虑到商业软件中的弹塑性分析更多使用 Mohr-Coulomb 破坏准则，Sofianos 等[159-161]研究了 Hoek-Brovm 破坏准则和 Mohr-Coulomb 破坏准则的等效化归问题。

在以上研究中未考虑地下水和时间效应对围岩稳定性的影响，事实上在地层岩体中修建地下建筑或在隧洞开挖设计中，往往由于岩体的透水性，会出现涌水现象，同时渗透力的作用对洞室岩体的稳定性也会产生影响。现今所报道的大量地下工程事故，相当一部分是由地下水与岩体介质的相互作用引起的。文献[161-181]研究了静水压力和渗流对裂隙岩体和围岩的力学性能等方面的影响。另外，在隧洞开挖中经常观察到与时间有关的一些现象，例如隧洞掘进过程中，开始围岩不塌落，但过一段时间后会出现塌落，这些现象与时间有关，用弹、塑性理论无法解释，需用到黏-弹-塑性理论，在这方面也开展了很多研究工作[182-189]。

1.2.6　目前研究中存在的不足

以上对裂隙岩体的研究很少集中在峰后强度之后裂隙岩体的稳定性研究，特别是在不同围压作用下峰值强度之后岩体的强度和变形特性的研究较少。裂隙岩体虽然处在峰值强度之后的阶段（即常说的峰后），但仍具有相应的稳定性，因此峰后特性研究具有现实意义。虽然段艳燕等[190]对岩石峰后的剪胀效应进行了综述，但其也指出：由于试验设备和测量手段的限制，目前对该方面出现的许多现象还不能给出明确合理的解释，对一些复杂的机理也有待进一步的研究。韩立军等[191]也做过破裂岩体变形特性的分析，但并没有给出变形特性与岩体各参数之间的关系。因此有很多地方需要完善。

理论方面：如何用不连续的方法来分析峰后阶段的变形，以及建立峰后的变形特性与岩体本身强度、裂隙角度、数量等的关系的模型欠缺，如何用合适的方程处理峰后的弹性模量、泊松比与碎涨效应之间的联系以及与不同倾角的裂隙岩体之间的关系都极少提到。

试验方面：裂隙岩体在破坏过程中裂隙角度的变化与峰值后体积变化之间的规律，峰值强度后的体积变形与围压以及围压的加卸载之间的关系，多条裂隙以及裂隙的组合与峰值后破坏变形之间的规律等将是探索的重点，并对高地应力的深部岩体工程的稳定性分析具有一定的参考意义。

1.3　本书研究内容及拟采用方法

本书旨在研究深部岩石工程中带裂隙岩石（体）的力学特性和变形机理，

探究在深部高应力条件下带裂隙岩石（体）的稳定性和峰值强度后的破坏特点以及变形规律，为深部地下工程施工提供参考。

1.3.1 主要研究内容

参照砂岩和花岗岩的物理和力学参数，根据相似理论，配制可替代砂岩进行试验的类岩石材料，材料中可方便预置贯通裂隙，并可以任意地调节节理裂隙的角度。贯穿裂隙节理的预制中能保证节理具有一定的黏聚力，特别是在制作圆柱体试块中使预制裂隙节理既要符合预期的角度，又要完全贯穿并具有一定的黏聚力，在圆柱体标准岩石试件的基础上，预制出不同倾角的裂隙。

通过大量完整岩石和带不同角度的贯穿裂隙类岩石试件的单轴加载试验，来研究裂隙岩体加载破坏和变形及强度的参数变化特征，包括岩石破坏的峰值强度、岩石峰后的强度、弹性阶段的泊松比、峰后应变软化阶段的视泊松比以及体积应变等强度变形特性的变化规律和随着裂隙倾角的变化规律。其试验结果与岩石经典力学理论分析结果吻合很好，试验过程更加直观，得出了贯穿裂隙倾角对裂隙岩体的破坏和峰后的变形特性影响因素最大，不同倾角的裂隙岩体峰后的扩容等性质也相差较大的结果。

通过大量完整岩石和带不同角度的贯穿裂隙岩体试件的常规三轴加载试验，来模拟研究节理岩石在高地应力围压下加载破坏和变形及强度参数的变化特征，并与单轴加载试验相比较，得出不同围压下相同倾角裂隙岩体的破坏特性和峰后变形性质以及在同围压下不同倾角的裂隙岩体随着裂隙倾角的变化其峰值前和峰后强度和变形的变化规律。由此得出不同倾角裂隙岩体在不同围压下的全应力-应变曲线，贯穿裂隙的倾角和围压的大小对于岩体的破坏形式的影响以及峰后变形和稳定性的影响。

对试验的结果进行分析，基于 Mohr-Coulomb 强度准则，建立含不同倾角贯穿裂隙岩体强度和破坏的本构关系，得出裂隙面倾角、裂隙力学参数、围压等共同影响裂隙岩体强度的相关规律；并基于试验数据，根据裂隙岩体在不同围压和裂隙倾角时的不同峰后特性，将其峰后应力-应变关系简化为 TYPE-A 和 TYPE-B 两种类型，以应变作为应变软化参数，假设黏聚力、内摩擦角为应变的分段线性函数条件，给出裂隙岩体峰后应力-应变关系式的求法；建立了裂隙岩体锚杆加固的力学模型，并分析出锚杆加固的优化方法；结合洞室围岩开挖和支护实际建立力学模型分析围岩与支护的相互机理，给出了围岩破坏行为由结构控制转化为应力控制的临界初始应力的解析解。

整理室内试验得出的数据得到相关参数，完善符合实际的应变软化模型，在 ANSYS 中建立模型，利用 FLAC 3D 工程软件对以上的室内试验进行分析，对贯穿的裂隙面采用结构面的处理方式，将改进后的裂隙岩体峰后应变软化的应力应变关系写进 FISH 语言，进行数值计算。数值模拟计算得出的随倾角变化的破坏变形规律、峰值强度、峰后应力应变曲线、破坏过程等结果与室内试验的结果有很好的相似度。

1.3.2　拟采用方法

依据上述研究内容，遵循理论与试验相结合、理论与工程相结合的思想，拟采用方法可概括为：

（1）通过对某一工程地质条件和岩体结构条件进行研究，了解其地质条件，了解深部岩体工程中岩石的分类，为下一步的实验室试验做准备。

（2）采用伺服岩石刚性试验机对所要研究的岩石类型（确定为砂岩）的力学性能进行分析，得出其各种力学及物理性能参数。

（3）参照前人研究，做出按照研究需要的各种带预制裂隙的类岩石（类砂岩）材料的试块，养护和加工。

（4）再采用单轴岩石刚性试验机对类岩石材料试块进行单轴压缩试验，用三轴流变仪进行常规三轴加压试验。根据各组不同角度裂隙岩石的实验数据进行分析得出相关规律。

（5）采用力学理论对试验的现象进行分析，找出一般性的规律。

（6）用数值模拟软件对试验进行模拟，将得出的数值模拟结果与试验结果进行比较。

（7）将所研究理论应用于实际工程中，进行验证分析。

1.4　本章小结

从岩石峰后破坏变形行为研究发展理论分析、岩石峰后力学行为研究发展、室内模型试验、数值分析和工程应用的研究现状等几个方面分析了贯穿裂隙岩体峰后特性的研究现状，分析其中的优点和不足之处，给出本书的主要研究内容和拟采用的方法。

第 2 章　单轴压缩下贯穿裂隙岩体峰后特性的试验研究

为得到裂隙岩体最基本的一些力学、变形参数，首先开展单轴压缩试验，在单轴试验中能较清晰直观地观察到裂隙岩体试块峰后阶段破坏和变形的规律，更利于试验现象的描述和揭示变形破坏机理，得出裂隙岩体峰后特性，为以后的三轴压缩试验、数值模拟和力学模型的建立打下基础。

2.1　试件设计

2.1.1　相似材料选取理论基础

我国地域辽阔，地下工程所处地域不同，其岩石的种类就不同，有花岗岩、页岩、砂岩等等，因此要模拟真实的地下工程的岩石制作类岩石材料，就要考虑不同岩石的不同性质，依据相似理论制作出类似不同岩石性质的类岩石材料。

目前，对于岩土相似材料的研究，国内外相关学者已经做了相当多的工作。国内关于相似材料的研究始于 20 世纪 70 年代，长江科学院、清华大学、中科院武汉岩土力学研究所、中国水利水电科学研究院、山东大学岩土中心、武汉水利电力大学等单位，结合大型水利工程的抗滑稳定问题进行了大量的试验工作，取得了一大批研究成果。

模型试验的相似原理是指模型上重现的物理现象应与原型相似，即要求模型材料、模型形状和荷载等均须遵循一定的规律。把原型（P）和模型（M）之间具有相同量纲的物理量之比称为相似比尺，用字母 C 代替。定义：l 为长度，γ 为重度，δ 为位移，E 为弹性模量，σ 为应力，ε 为应变，σ_t 为抗拉强度，σ_c 为抗压强度，c 为黏聚力，ϕ 为摩擦角，μ 为泊松比，f 为摩擦系数。

根据原型和模型的平衡方程、几何方程、物理方程、应力边界条件和位移边界条件可推导出地质力学模型试验如下相似关系：

（1）应力相似比尺 C_δ、重度相似比尺 C_γ 和几何相似比尺 C_l 之间的相似关系为

$$C_\delta = C_\gamma C_l$$

（2）位移相似比尺 C_δ、几何相似比尺 C_l 和应变相似比尺 C_ε 之间的相似关系为

$$C_\delta = C_\varepsilon C_l$$

（3）应力相似比尺 C_δ、弹性模量相似比尺 C_E 和应变相似比尺 C_ε 之间的相似关系为

$$C_\delta = C_E C_\varepsilon$$

（4）地质力学模型试验要求所有量纲物理量（如应变、内摩擦角、摩擦系数、泊松比等）的相似比尺等于 1，相同量纲物理量的相似比尺相等，即

$$C_\varepsilon = C_f = C_\phi = C_\mu = 1$$
$$C_\sigma = C_E = C_c = C_{\sigma c} = C_{\sigma t}$$

2.1.2　选取相似材料的原则

试验材料是决定试验成败的关键因素，因此合理选择试验材料至关重要。一般来讲，岩石力学试验材料要满足以下条件：

（1）物理力学特性接近真实岩石或具有相似性。

（2）试件的成型工艺和预置裂隙制作工艺便捷，凝固前具有较好的和易性，便于施工和修补。

（3）物理、力学、化学、热学等性能稳定，力求不受时间、湿度、温度等外界条件的影响。

（4）易于实施量测数据，例如在成型后可方便地量测材料变形。

（5）材料来源广，成本低廉，对人体无任何毒害作用。

2.1.3　类砂岩岩石材料的设计

在张宁等[192]对类岩石材料研究的基础上，进行改进，最终选择水泥、河砂作为主要原料，配制脆性砂浆材料。考虑到普通硅酸盐水泥的和易性、初凝和终凝的效果较好，最终确定选用 425R 普通硅酸盐水泥，纯水泥抗压强度为

42.5 MPa，为防止砂子颗粒过大导致试件制作成型后砂粒与水泥接触面过大，形成试件内较大的薄弱面，影响试验结果，因此河砂选择粒径小于 5 mm 的中砂。另外在材料中还要添加防水剂，其主要目的是防止养护期间水环境导致砂浆材料最终强度降低。

当砂浆材料的主要原料确定后，下一步工作就是根据试验要求确定合适的水灰比。水灰比是影响砂浆材料强度的主要参数，对力学特性影响大。根据相似理论的要求和多次试验测量，最终确定特质砂浆材料主要原料的质量配合比为：普通硅酸盐水泥：粒径 5 mm 以内河砂：水 = 1：2.34：0.35。按照此比例配置出的类岩石材料与现实工程中的砂岩能较好地符合相似理论的要求。

2.1.4　类岩石材料试件的物理力学参数的测试

首先对完整的类岩石试件进行一些基础参数的测量（图 2.1），得出类岩石试块的长度、直径、质量和密度等。其次对类岩石试块进行基本力学参数的测试。对试件进行巴西劈裂试验（图 2.2）测定其抗拉强度；对完整类岩石材料的标准试件进行单轴压缩试验（图 2.3）测试其单轴压缩强度，并根据轴向和径向应变算出泊松比，根据应力-应变曲线得出弹性模量；对完整类岩石材料的标准试件进行常规三轴压缩试验得出类岩石试块的黏聚力和内摩擦角。试验所得的物理、力学参数如表 2.1 所示。

图 2.1　对类岩石试件进行物理参数的测量

图 2.2   巴西劈裂试验

图 2.3   标准试件的单轴压缩试验

表 2.1   模型材料和砂岩的物理力学参数测试指标

介质	试件平均密度 ρ /（g·cm^{-3}）	单轴压缩强度 σ_c /MPa	单轴抗拉强度 σ_t /MPa	压缩弹性模量 E_c /GPa	泊松比 μ
模型	2.03	36.9	2.95	9.2	0.205
砂岩	2.20～2.71	20.00～170.00	4.00～25.00	4.00～68.00	0.100～0.300

2.2　预制裂隙

2.2.1　国内外预制裂隙的方法

国内外学者在制作裂隙岩体试件时，根据研究目的的不同采用不同的预制裂隙方法，比如有的侧重于研究张开的裂隙，有的侧重于研究闭合的裂隙等，因此制作的裂隙不同。经过归纳分析，预制裂隙主要有如下方法：

一是应用类似岩体的材料进行预制裂隙。采用试件养护中预埋厚度为 0.4 mm 的铝合金薄片至水泥砂浆初凝时取出，使凝固过程中裂隙闭合的方法来预制闭合裂隙。

二是在真实岩石材料中进行裂隙的预制。采用高速电动切割机加工三维裂隙[193]，切割轮片为 0.3 mm 厚的超薄金刚石锯片，制成的裂隙厚度为 0.3 ~ 0.5 mm，裂隙内填充一种软弱材料石膏；另外还有采用先机器钻孔再手工割缝的办法，然后进行孔的加工，孔的深度为 25 mm，为保证钻头的刚度，钻头的直径确定为 6 mm，因而加工孔的直径也为 6 mm；最后是手工割缝阶段，该阶段耗时较多，将带小金刚石颗粒的钢丝伸进小孔内，顺着预制裂纹方向来回拉锯，直至达到设计尺寸[194]。

三是采用一些特殊物质模拟裂隙的方法。通常掺入裂纹片（云母片、纸片、聚合物薄片、肥皂片、网状织物）、预埋金属条或聚合物薄条（待模型快凝固时抽出，通过抽条形成的裂隙来模拟裂隙）[195]。

四是采用小块体堆砌的方法。这种方法可更方便地模拟多条裂隙以及空间交叉的多组裂隙。

2.2.2　不同倾角裂隙岩体试件的制作

借鉴前人预制裂隙的经验，为达到本书试验的目的（在圆柱体标准岩石试件中预制贯穿的裂隙试件），采用一种新型的预制裂隙方法，介绍如下。

采用标号 425 普通硅酸盐水泥、砂子、水、减水剂按照 1：2.6：0.35：0.02 的比例进行配比，将配合物在搅拌机中搅拌 120 次，然后再加水搅拌 120 次，搅拌均匀之后将混合材料放入制作好的模具中（为了达到制作直径 50 mm、高度 100 mm 的标准岩石试块，由于取芯后还要上下两端打磨，所以矩形模具的尺寸也要做得稍微大些，如 102 mm × 102 mm × 102 mm），然后在振动台上振动 150 s，振动之后的材料已具有一定强度和和易性，再用 0.1 mm 厚的薄钢片沿着模具的刻槽插入长方体试块中，预制出不同角度的裂隙，并在混合物初凝之前拔出薄钢片，如图 2.4 所示。

图 2.4　制作的模具和用模具制作好的含预制裂隙的正方体试件

在初凝之前用厚度为 0.1 mm 的薄钢片沿着预制的刻槽插入长方体试块中，为的是将其完全贯穿，模拟预制贯穿裂隙节理。在初凝和终凝后，试块会自动将制作的裂隙聚合，并保证预制的裂隙节理具有一定的黏聚力。

下一步，进行养护，放在恒温箱内养护 24 h。紧接着拆除模具，在恒温养护箱中继续进行养护，继续养护 28 d。

选用 50 mm 内径的取芯钻头用取芯机对养护好的试件进行取芯（图 2.5），由于试块本身制作的是 102 mm × 102 mm × 102 mm 的正方体，所以取出的岩芯就基本与标准试块尺寸相符合。取芯要注意按照预先设置的角度放置试块。养护好的试件是含不同倾角贯穿裂隙的正方体试块，用取芯机对其进行取芯，尽量使得裂隙在圆柱体试块的中间位置，即得到了含预制贯穿裂隙的圆柱体试件。

图 2.5　对含预制裂隙的正方体试块进行取芯

　　为了控制类岩石试件上下两端的平准度，规定误差要小于 0.02 mm，将取芯好的圆柱体试件进行打磨处理就得到了含不同倾角预制贯穿裂隙的类岩石材料的标准试件，如图 2.6 所示。

图 2.6　打磨圆柱体试块

　　标准试件的高度是 100 mm，虽然在制作试件过程中，尽力使试件达到标准试件的尺寸，但有时难免会有误差。如果试件的高度不等于标准高度，还需要进行换算，在单轴压缩和常规三轴压缩试验中得出的各项数据进行计算时要进行相应的转换以达到统一标准。

　　高径比在 2 左右时其抗压强度逐渐接近极限稳定值，这种极限值是一般意义上的单轴抗压强度；当高径比不为 2 时，一般采用以下公式加以修正：

$$R_{\frac{h}{d}=2}=\frac{8R_{\mathrm{C}}}{7+2\dfrac{D}{H}}$$

式中　　$R_{\frac{h}{d}=2}$——高径比为 2 的试件的抗压强度；

　　　　R_{C}——非标准试件的抗压强度；

　　　　D——非标准试件的直径；

　　　　H——非标准试件的高度。

　　制作完毕的试件为高 100 mm、直径 50 mm 的标准岩石试块，见图 2.7、图 2.8（图中 θ 为轴向应力的加载方向与裂隙面法向应力间的夹角）。θ 的取值分别为 15°、30°、40°、45°、50°、60°。

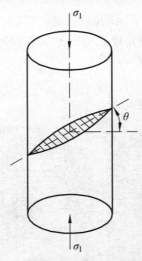

图 2.7   含贯通裂隙的岩石试件示意图

图 2.8   制作完毕的含不同倾角贯穿裂隙的标准试块

2.3   单轴压缩试验过程

试验借助 TGW-2000 微机控制高刚度伺服试验机（图 2.9）完成。试验中，加载采用位移控制，速度为 0.15 mm/min。为了更加精确地测得试件本身的变形，采用 2 个位移传感器（图 2.10）同时测量试件的轴向和径向变形，并与加载力之间实时对应自动记录数据，并将数据实时传输进电脑，用 TEST 软件可以对试验过程进行可视化操作（图 2.11）。

图 2.9　TGW-2000 微机控制高刚度伺服试验机

图 2.10　轴向传感器和径向位移传感器装置图

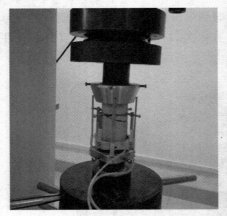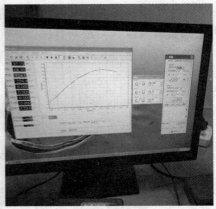

图 2.11　单轴加载过程以及用 TEST 软件进行数据的实时传输和加载控制

2.4　贯穿裂隙岩体单轴压缩实验结果分析

对每个裂隙倾角的圆柱体裂隙岩体试件进行相同试验条件的重复试验,每个系列做 4 个,选取中间值作为该角度的代表试验结果。

2.4.1　不同倾角贯穿裂隙岩体的全应力-应变曲线

图 2.12 给出了不同倾角裂隙岩体的轴向应力-应变曲线。从图中可见裂隙倾角为 $\theta = 15°$ 试件试验中得出的应力应变曲线和完整试件的应力应变曲线类同。而裂隙倾角 θ 为 30°、40°、50°、60° 时则对应力-应变曲线的影响很大。可以看出,和完整试件相比较,含裂隙倾角在 30° 到 60° 之间的试件,应力-应变曲线由单峰曲线变为多峰曲线[45]。

当 $\theta = 30°$、40°、45° 的时候,应力-应变曲线出现了多峰值现象。$\theta = 30°$ 时候曲线仍然和完整曲线类似,只是在峰值强度之后的曲线有个小的波动,产生第 2 个小的峰值;但 $\theta = 40°$、45° 时应力-应变曲线则大为改变,第 1 个峰值之后接着会出现第 2 个、第 3 个甚至更多的峰值,且后面的峰值强度值将会大于第 1 个峰值强度值。第 1 个峰值是指试件在裂隙面产生破坏,而后面的峰值则是由于在试件中产生了劈裂剪切破坏,$\theta = 40°$、45° 时试件相对较容易沿着裂隙面破坏,随着压力的进一步增加分开的两部分断开试件进一步被压缩(此时裂隙面已不是影响力的主要因素),进而达到第 2 个峰值,而此时裂隙面又会产生滑动，所以应力又开始下降，但随着试件的进一步被压缩，承受的压力在下降到谷底时又逐渐增加，又将重复上一次动作，这也就是为何 $\theta = 40°$、$45°$ 时有多个峰值的原因。$60° \geqslant \theta \geqslant 50°$ 时，直接沿着裂隙面剪切破坏。θ 达到更大角度的情况本书不进行研究。

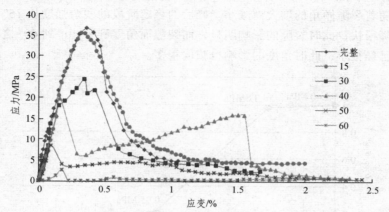

图 2.12　不同裂隙倾角试件的轴向应力-应变曲线

2.4.2　贯穿裂隙岩体峰值强度和峰后残余强度

将含裂隙试件与完整试件的单轴压缩峰值强度之比 σ_{JR} / σ_R 作为当量峰值强度。图 2.13 给出了不同角度贯穿裂隙试件的当量峰值强度随裂隙倾角的变化情况。可以看出峰值强度是随着裂隙倾角的增大而减小的，但并不是呈线性减小的趋势，15° 裂隙岩体对峰值强度影响不是很大，30° 和 40° 降低的幅度开始增大，50° 和 60° 裂隙则对裂隙岩体的强度影响迅速增强。

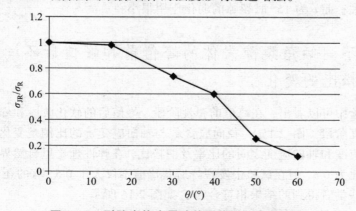

图 2.13　裂隙岩体当量峰值强度随倾角的变化

峰后强度不是一个定值，而是一个变化的范围，本书主要考虑岩体完全破坏阶段的强度及残余强度值与完整试件的比值 σ_{JPR}/σ_{PR} 的变化规律，图 2.14 给出了岩体完全破坏阶段的强度及残余强度值与完整试件的比值 σ_{JPR}/σ_{PR} 的变化规律（各点的峰后残余强度值均标注在其右侧）。由图可见，峰后的残余强度都随着裂隙倾角的增大而减小。峰后的稳定阶段的残余强度从 15° 到 40° 期间下降很快，此时裂隙的影响明显，而裂隙面角度到了 40° 到 60° 之后，残余强度已经很小，此时角度的影响也减弱很多。

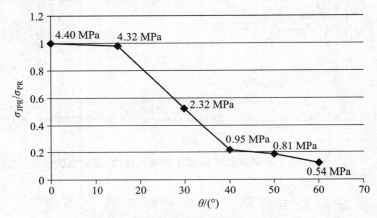

图 2.14　裂隙岩体当量峰后残余强度随倾角的变化曲线

峰后初期的强度和后期的残余强度都随着裂隙倾角的增加而减小。这是因为裂隙倾角 θ 在 50°、60° 时，峰后强度主要来自于裂隙面之间在单轴压力下所具有的摩擦力；而 θ 在 30°、40°、45° 的时候，峰后强度主要来自于岩体自身虽然破裂但仍具有的整体强度，此时裂隙面弱化了整体强度，裂隙倾角角度越大弱化越大；而 θ 为 15° 时裂隙的弱化作用很小。

2.4.3　不同倾角裂隙岩体的峰值前和峰值后不同阶段泊松比的变化

从试验中可以看出，在峰值前弹性阶段、峰值后的软化阶段和峰值强度后的残余强度阶段（图 2.15），径向应变 ε_3 与轴向应变 ε_1 的比例是变化的，峰值前的径向应变和轴向应变之间的比率及泊松比，在弹性理论里自然界中物体的最大泊松比为 0.5，但在试验中发现峰后其比值不仅大于 0.5，有的还超过了 2，这也与一些学者得到的结果相符合[33]，如图 2.16 所示。

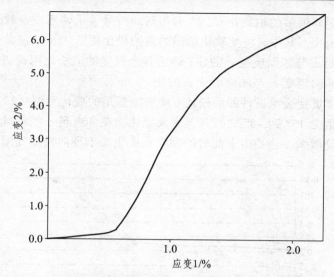

图 2.15 试验得出的径向应变 ε_3 与轴向应变 ε_1 之间的关系

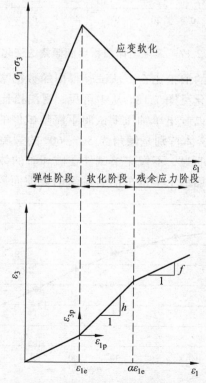

图 2.16 泊松比、峰后软化阶段泊松比和峰后残余应力阶段泊松比的选取

为了区别峰值前的泊松比 υ，本书用新的符号表示峰后应变软化阶段和残余阶段的泊松比。其中，应变软化阶段的视泊松比用 $\hat{\upsilon}_s$ 表示，定义为应变软化阶段径向应变 ε_3 与轴向应变 ε_1 的比；峰后残余强度的泊松比用 $\hat{\upsilon}_r$ 表示，定义为残余阶段的径向应变 ε_3 与轴向应变 ε_1 的比。

不同角度贯穿裂隙试件的泊松比 υ 随裂隙倾角的变化见图 2.17。可见泊松比在裂隙倾角为 15° 到 40° 之间并无太大变化，在 40° 到 60° 之间开始随倾角的增大而明显增大，这是由于此时的裂隙角度更易于环向发生变形。

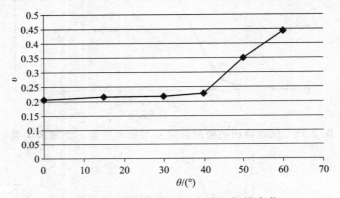

图 2.17   裂隙岩体泊松比随倾角的变化

对于应变软化阶段的泊松比 $\hat{\upsilon}_s$，从试验得出的数据来分析，其贯穿裂隙试件的 $\hat{\upsilon}_s$ 随裂隙倾角的变化见图 2.18。从中可见，视泊松比随着倾角的增大而成近似线性减小，这也可以看出单轴压缩试验下完整试件的峰后碎涨效应更强。由于裂隙的影响，裂隙岩体特别是倾角为 50°、60° 的裂隙岩体在峰后的横向变形的快速增大效应不再明显，不像完整试件在破坏时的体积迅速膨胀，其横向变形其实主要是由裂隙面的上下部分沿着倾斜的裂隙面滑动而产生的。

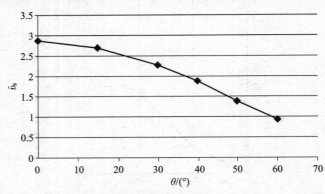

图 2.18   裂隙岩体峰后应变软化阶段的泊松比随倾角的变化

随着贯穿裂隙倾角的增大，试件的泊松比 υ 也随之增大，这是由于裂隙倾角越大则试件的横向应变速率越快。而随着贯穿裂隙倾角的增大，试件峰值强度后的视泊松比 $\hat{\upsilon}$ 则降低很大，应是由于完整的试件或者更小裂隙倾角的试件峰后劈裂破坏影响更强，使得峰后横向应变速率比倾角较大贯穿裂隙岩体要更大。

2.4.4　不同倾角贯穿裂隙岩体峰后破坏形式

贯穿裂隙倾角 $\theta = 15°$ 时，裂隙对试件的破坏影响很弱微，试件仍然是劈裂破坏。贯穿裂隙倾角 $\theta = 30°$ 直至 $\theta = 50°$ 时，裂隙倾角的大小对试件的破坏形式有很大的影响。$\theta = 30°$ 时，裂隙面的滑动破坏和试件的整体劈裂破坏几乎是同一时间发生的，破坏面穿过裂隙面呈交叉状；$\theta = 40°$ 时，先沿裂隙面有细微的滑动破坏，再产生整体劈裂破坏，破坏面同样穿过预制裂隙面；$\theta = 45°$ 时，依然是先沿裂隙面有较小的滑动破坏，再产生整体劈裂破坏；$\theta = 50°$ 时，仅沿裂隙面滑动破坏，并不产生劈裂破坏；贯穿裂隙倾角 $\theta = 60°$ 时，沿裂隙面滑动破坏现象更加明显，加载很小的轴压就开始破坏，上下岩块保持完好，无劈裂破坏的存在，如图 2.19 所示。

图 2.19　裂隙倾角为 15°、30°、45°、60° 时裂隙岩体的峰后破坏形态图

　　由上述不同角度的含贯穿裂隙类岩石试件的破坏，可以看出裂隙角度是影响试件峰后的破坏形式的主要因素。裂隙倾角在 $\theta = 15°$ 时破坏为劈裂，此时裂隙面几乎不起作用，其破坏形式和完整试件类似；$\theta = 60°$ 时破坏主要是剪切破坏，此时破坏主要是沿裂隙面破坏；$\theta = 30°$、40°、45° 时是劈裂和剪切混合破坏模式，先是沿着裂隙面破坏，随着压力的增大，裂隙面之间摩擦力增大相对较稳定，而开始产生试件的劈裂破坏。

2.4.5　不同倾角裂隙岩体峰后体积变形与裂隙倾角的关系

　　不同倾角裂隙岩体峰后体积变形与裂隙倾角的关系见图 2.20 和图 2.21。

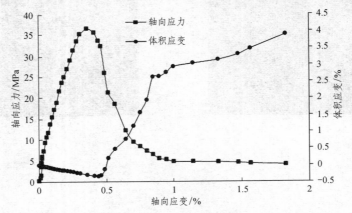

（a）倾角为 15° 试块的应力-应变曲线和体积应变曲线的比较

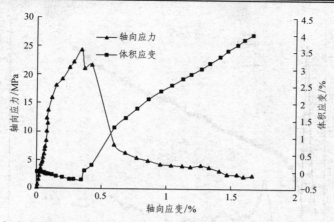

（b）倾角为 30° 试块的应力-应变曲线和体积应变曲线的比较

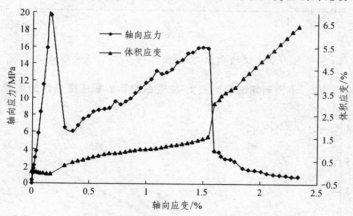

（c）倾角为 40° 试块的应力-应变曲线和体积应变曲线的比较

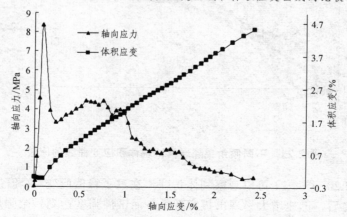

（d）倾角为 50° 试块的应力-应变曲线和体积应变曲线的比较

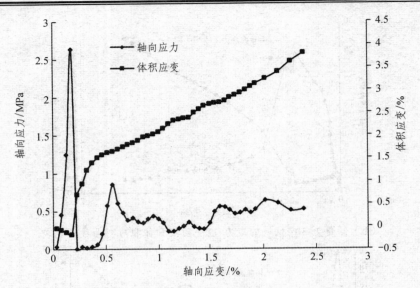

（e）倾角为 60° 试块的应力-应变曲线和体积应变曲线的比较

图 2.20　不同倾角试块的应力-应变曲线和体积应变曲线的比较

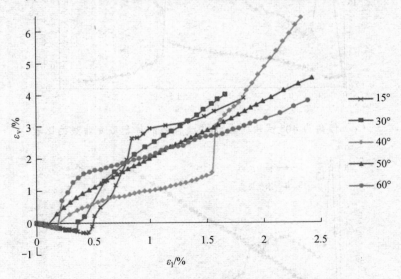

图 2.21　不同倾角裂隙岩体试块体积应变曲线的比较

　　从图 2.20、图 2.21 可以观察到体积变形在过了峰值应变（峰值强度对应的应变值）之后，迅速增大呈现出扩容现象，而试件强度达到残余强度阶段时，体积变形趋于平稳增长的稳定阶段。

　　从倾角为 15° 裂隙岩体试件的体积应变曲线可看出在压缩的弹性阶段，体积应变随着应力的增加呈线性变化，体积减小，在此阶段 $\varepsilon_1 > |\varepsilon_2 + \varepsilon_3|$，在图中显示为第 1 段近似直线。当轴压接近峰值强度时，达到了体积应变增减量很小，几乎保持不变的阶段，在体积应变图中为达到峰谷阶段。当轴压增大到峰值强度之后，岩石试件的体积大幅度增加，且增长速率很大，最终试件产生破坏，在体积应变图中显示为第 2 段近似直线。破坏之后达到塑性软化阶段，在强度显示为残余强度阶段时，体积应变的速率开始减小，显示为图中的体积应变曲线的第三段近似直线。

　　在倾角为 30°、40° 试件的单轴压缩应力-应变曲线和体积应变曲线中可以发现有 2 个或多个的峰值点。特别是在 40° 倾角试件压缩过程中，开始第 1 个峰值点由裂隙面的影响而产生，但随着压力的增大，试件虽然破坏但又进一步密实，随着应力的进一步增大，应力强度又达到一个新的峰值点，过了新的峰值点之后岩块也快速破碎。体积变形曲线则除了前部分与 15° 裂隙岩体的一致以外，又增加了第 4 段和第 5 段线段，且其体积应变增长速率更大。这是由于随着轴压的增大，裂隙岩体上下部分沿着裂隙面滑动破坏，试验测量的轴向应变和环向应变快速增大，体积变形因此加大很多。

　　而倾角为 50° 和 60° 的裂隙岩体在单轴压缩试验中的破坏则是沿着裂隙面滑动破坏，此时试验测出的轴向位移和环向位移都与裂隙面上下两部分的滑动密切相关，并不能准确反映裂隙岩体整体的体积变化特性，得出的体积应变曲线可做相应参考，但仍能反映其规律性。

2.5　本章小结

　　本章首先介绍了含不同倾角的贯穿裂隙的类岩石材料试块的制作方法，然后利用岩石刚性压力机对预制裂隙的圆柱体试件进行了单轴压缩试验，研究了贯穿裂隙倾角对全应力-应变曲线、破坏形式、峰值强度、峰后残余强度和变形特性的影响。从试验结果得出：

　　（1）裂隙倾角 $\theta = 15°$ 的应力-应变曲线与完整试件相似，裂隙倾角 θ 为 30°、40°、45°、50°、60° 时，应力-应变曲线与完整试件差异明显，应力-应变峰后曲线产生多峰值现象，在 40° 时特别明显。

　　（2）峰值强度随着倾角增大而减小，峰后强度也呈现出类似规律。不论是峰后初期的强度还是峰后后期稳定阶段的残余强度，都随着裂隙倾角从 15° 到

30°、40°、45°、50°、60° 而递减。

（3）随着裂隙倾角的增大，含裂隙试件的泊松比 υ 也随之增大，而峰后应变软化阶段的视泊松比 $\hat{\upsilon}$ 则随之变小。

（4）裂隙倾角的不同，试件在峰后阶段的破坏方式不同。在倾角 $\theta = 15°$ 时试件峰后破坏方式为劈裂，倾角 $\theta = 50°$、60° 时试件峰后破坏为剪切，倾角 $\theta = 30°$、40°、45° 时则为劈裂和剪切的混合模式。

（5）体积变形在过了峰值应变（峰值强度对应的应变值）之后，迅速增大呈现出扩容现象，而试件强度达到残余强度阶段时，体积变形趋于平稳增长的稳定阶段。裂隙角度为 15°、30° 的裂隙岩体体积应变大概分为 4 个阶段即体积变小、体积不变、体积迅速增长和体积稳定增长。裂隙角度为 40°、45° 时分为体积变小、体积不变、体积迅速增长、体积稳定增长、体积再迅速增大和体积稳定增长 6 个阶段。

第 3 章   三轴压缩下贯穿裂隙岩体峰后变形破坏特性的试验研究

在研究地下工程岩体变形及破坏时，地应力场的分布是考虑的主要因素之一，本章通过研究围压对试块变形破坏特性的影响来研究地应力场对岩体变形破坏特性的影响。试验设计中不仅要考虑单轴的影响，更加要注重围压的影响，对不同裂隙倾角的贯穿裂隙岩体开展常规三轴压缩试验，进而分析不同围压和不同裂隙倾角对裂隙岩体峰后变形和破坏的影响。

3.1   三轴压缩试验过程

3.1.1   试验仪器

试验采用山东大学 RLW-1000 型岩石三轴流变仪（图 3.1）来完成，其主要技术参数如下：

图 3.1   岩石三轴流变仪

（1）加载系统：最大轴向压力为 1 000 kN，最大围压为 50 MPa，测量精度为 ±2%。

（2）应变测量系统：最大轴向变形为 8 mm，最大径向变形为 4 mm，测量精度均为 ±0.5%。适合试样尺寸：直径 50 mm 至 75 mm，高度 100 mm 至 150 mm。

（3）数据采集系统：可以连续工作 1 000 h；试验中可以记录环境温度，实时记录绘制各种应力、应变和时间关系曲线；并可以随时输出数据，以便深入分析。

3.1.2　裂隙岩体试块的准备

试件的制作和裂隙的预制方法与单轴压缩试验都同，将制作好的试件按照角度进行编号（图 3.2），如倾角为 50° 贯穿裂隙试块，依次编号为 50-1、50-2、…、50-8，由于设计的围压为 3 MPa、5 MPa、8 MPa、10 MPa、12 MPa 等 5 种不同的围压，且在试块的制作加工以及试验过程中会出现某些意想不到的因素，因此要制作备用的试块以保证试验数据的准确性。

图 3.2　对加工好的试件进行编号

试件的制作中，虽然在振动台对水泥砂浆进行了振动，试块表面还是不免有一定气泡产生，这在单轴压缩试验中并不影响试验结果，然而在常规三轴试验中由于围压的作用，围压室是用液压油进行加载围压，而试块是包裹在热缩管中的，若试件表面有孔隙，则液压油在围压的作用下很容易穿透下面有孔隙的热缩管，试块就产生了浸油，这将严重影响试验的结果。

为了避免在有孔隙地方穿透热缩管而浸油，一是尽可能在振动水泥砂浆时，把里面的气泡振出来；二是对制作好的试块表面的孔隙用素水泥浆进行填充（图 3.3）。

图 3.3　对试件表面的孔隙用水泥进行填充

3.1.3　常规三轴试验操作过程

（1）试验前，为试样编号，测量并记录试样的长度、直径以及重量密度。

（2）给裂隙岩体试块安装传感器。

先固定好试件。将试件放置在上、下垫块之间，用电工胶带固定好，使其保持在同一条轴线。在试样和垫块的外面套上热缩管，然后用电热风机从中间旋转着向上下两端热烘，热缩管遇热即收缩，并将热缩管内的空气压缩出去，将试件和垫块固定紧密（图 3.4）。

再安装传感器。先安装径向应变传感器，再安装轴向应变传感器，使传感器与试样接触紧密，但也不能使传感器张开角度过大以免损坏传感器的精确度，以保证采集数据准确。最后，在热缩管上下两端用不锈钢紧缩管箍紧密封，防止渗油。传感器安装完毕的状态如图 3.5 所示。

图 3.4　用热风机加热热缩管

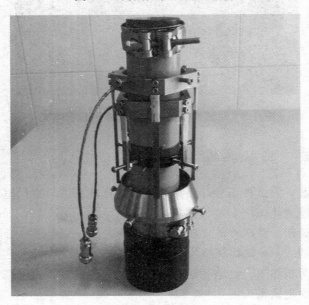

图 3.5　试块安装完传感器示意图

（3）将试样放入岩石三轴压力机的压力室中。将装好应变传感器的试样放进三轴压缩机的底座（图 3.6），再把油缸降落下来，把试块和传感器都密封在油缸之内。进行充液压油，将液压油充在油缸内。

图 3.6　将装好传感器的试块放在三轴压缩机的底座上

（4）将三轴试验机与电脑的软件连接。先打开围压系统和轴压系统的驱动器开关，再打开 EDC 开关，将电脑安装好的 TEST 软件打开，刷新找到信号之后进行连接，这样电脑软件就可以控制围压系统和轴压系统的操作。

（5）进行加围压。将数据清零后，采用位移控制或者力控制方式都可，但要注意速度不宜过快，以防止围压过快加压破坏试验中的试块，另外防止活塞转动过快影响机器的寿命，一般采用 0.1 MPa/s 的负荷控制速率给试样施加至预定的 3 MPa、5 MPa、8 MPa、10 MPa、12 MPa 等不同的围压值，并保持围压在试验过程中始终不变。

（6）进行加载轴向压力，并用与三轴压缩机连接的电脑软件记录数据。先是采用力控以 200 N/s 的速率施加轴向应力，使压力机上的压头与试块紧密结合，之后采用位移控制的方式以 2 mm/min 进行加载，直到试块加载到试验所需要的程度为止。

3.2　贯穿裂隙岩体常规三轴压缩试验结果统计

试验结束后，裂隙岩体的常规三轴试验结果通过 TEST 软件输出，将数据进行分析计算，整理出贯穿裂隙岩体三轴压缩的变形特性统计数据、强度特性的统计数据、第一峰值强度、最大峰值强度和残余强度统计数据，如表 3.1 ~ 3.3 所示。

表 3.1　贯穿裂隙试件三轴压缩试验变形特性的统计数据

试件编号	$\beta/(°)$	破坏应力/MPa		E_{av}/GPa	泊松比 υ	峰后软化阶段泊松比 υ'	峰后残余强度阶段泊松比 $\bar{\upsilon}$
		σ_3	σ_1				
wz-5	—	3	75.7	15.79	0.252	2.07	1.00
wz-1	—	5	82.5	21.26	0.249	2.37	2.40
wz-6	—	8	94.3	23.41	0.197	1.65	0.82
15-8	15	3	68.6	15.63	0.246	2.01	1.02
15-6	15	5	76.0	15.85	0.226	1.95	1.19
15-5	15	8	90.1	16.32	0.210	1.34	1.26
30-2	30	5	70.1	15.15	0.31	1.81	3.90
30-5	30	8	85.2	16.55	0.273	1.65	1.71
40-1	40	5	48.8	17.97	0.254	0.75	1.01
40-7	40	8	54.2	22.22	0.268	1.45	1.68
50-3	50	3	36.4	16.02	0.228	1.57	1.20
50-1	50	5	38.8	20.91	0.203	1.61	0.84
50-5	50	8	55.7	23.32	0.27	1.63	0.90
60-5	60	3	24.9	15.58	0.227	1.17	1.07
60-2	60	5	29.8	19.35	0.202	0.82	0.66
60-6	60	8	42.4	16.38	0.22	1.07	0.95

表 3.2　贯穿裂隙试件三轴压缩试验强度特性的统计数据

试件编号	$\beta/(°)$	围压/MPa	峰值强度/MPa	残余强度/MPa	E_{av}/GPa	a	b	黏聚力 c/MPa	摩擦角 $\phi/(°)$
		σ_3	σ_1	σ_{1r}					
wz-5	—	3	75.7	22.8	15.79				
wz-1	—	5	82.5	10.3	21.26	64.2	3.75	16.57	35.4
wz-6	—	8	94.3	49.8	23.41				
15-8	15	3	68.6	24.5	15.63				
15-6	15	5	76.0	44.1	15.85	55.2	4.32	13.28	38.6
15-5	15	8	90.1	10.9	16.32				
30-2	30	5	70.1	39.1	15.15	44.8	5.05	9.97	42.0

续表 3.2

试件编号	$\beta /(°)$	围压/MPa σ_3	峰值强度/MPa σ_1	残余强度/MPa σ_{1r}	E_{av}/GPa	a	b	黏聚力 c/MPa	摩擦角 $\phi /(°)$
30-5	30	8	85.2	11.2	16.55				
40-1	40	5	68.7	57.3	17.97	36.5	6.43	8.85	43.7
40-7	40	8	88.7	69.0	22.22				
50-3	50	3	36.4	25.1	16.02				
50-1	50	5	38.8	42.0	20.91	22.3	4	5.58	36.9
50-5	50	8	55.7	61.8	23.32				
60-5	60	3	24.9	23.9	15.58				
60-2	60	5	29.8	27.9	19.35	13.4	3.55	3.56	34.1
60-6	60	8	42.4	41.4	16.38				

表 3.3　不同裂隙倾角试件在不同围压下破坏的峰值强度和残余强度统计

试件编号	wz-1	wz-5	wz-6	15-5	15-6	15-8	30-1	30-2	30-5
裂隙倾角/(°)	—	—	—	15	15	15	30	30	30
围压/MPa	5	3	8	8	5	3	10	5	8
第1峰值强度/MPa	82.48	75.68	94.34	90.1	76.3	68.6	58	45.0	64.8
最大峰值强度/MPa	—	—	—	—	—	—	99.4	70	85.2
残余强度/MPa	10.3	22.8	49.8	10.9	44.1	24.5	85	54	44.6

试件编号	40-1	40-7	50-1	50-3	50-5	50-6	60-1	60-2	60-5	60-6
裂隙倾角/(°)	40	40	50	50	50	50	60	60	60	60
围压/MPa	5	8	5	3	8	10	10	5	3	8
第1峰值强度/MPa	48.8	54.4	39.4	36.4	55.7	65.1	40.5	29.7	25	42.4
最大峰值强度/MPa	68.7	88.0	44.4	—	—	43.2	—	—	—	—
残余强度/MPa	57.3	69.0	44.5	25.1	61.8	68.1	37.5	29.6	26.5	43.2

黏聚力和摩擦角的计算：

利用 MATLAB 软件，根据试验结果得到的轴向应力和围压确定回归方程 $\sigma_1 = a + b\sigma_3$ 中的系数 a，b，进而再按照公式 $\phi = \sin^{-1}\dfrac{b-1}{b+1}$，$C = a\dfrac{1-\sin\phi}{2\cos\phi}$ 即可求出黏聚力和摩擦角。

图 3.7 给出了裂隙倾角为 50° 的裂隙岩体的回归方程，表 3.2 给出了含有各种倾角裂隙的岩体的黏聚力和摩擦角。

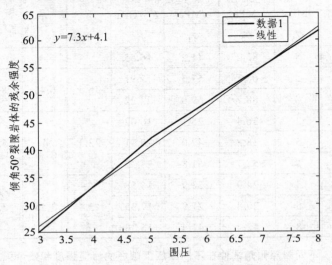

图 3.7　裂隙倾角为 50° 的裂隙岩体回归方程

3.3　贯穿裂隙岩体峰后变形破坏特性的三轴试验结果分析

3.3.1　相同围压不同裂隙倾角裂隙岩体试件的试验结果分析

从试验的结果（图 3.8、图 3.9）分析中得出相同围压下，不同倾角裂隙岩体试块破坏结果有如下规律：

（1）峰值强度完整的试块最大，15° 倾角贯穿裂隙岩体试块峰值强度比完整试块稍微减弱；50° 和 60° 倾角的贯穿裂隙试块峰值强度减弱最明显，仅为完整试件的 1/3 左右；30°、40° 和 45° 全贯穿裂隙岩体试块的峰值强度也相应地减小。

（2）峰后的残余强度也基本上随着裂隙倾角的增大而减弱，30°、40° 和 45° 倾角裂隙岩体试块的峰后残余强度呈现出波动性，在 40° 贯穿裂隙试块的常规三轴压缩试验中甚至会出现多峰值的现象，第 1 个峰值强度后会出现下一个峰值，后面的峰值有时还会高于第 1 个峰值的强度。

（3）达到第一个峰值强度值时的轴向应变 ε_1 的值有大致的规律，即裂隙倾角越大，达到峰值强度时的轴向应变值越小。从图中可以很清楚地看出：60° 倾角的裂隙岩体试件达到峰值强度的轴向应变 ε_1 最小，而完整试件达到峰值强度时的轴向应变 ε_1 最大。

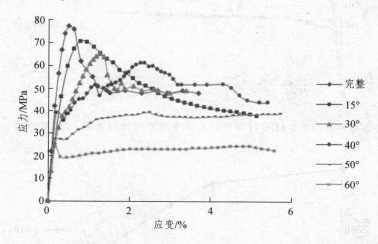

（a）围压为 5 MPa 时不同倾角贯穿裂隙岩体的全应力-应变曲线

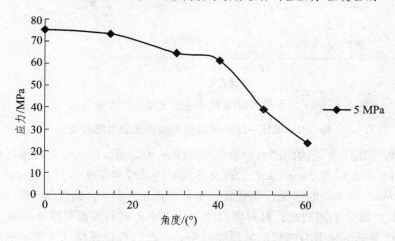

（b）围压为 5 MPa 时不同倾角结构面力学效应

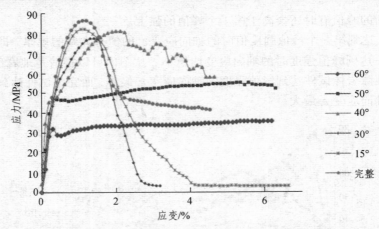

（c）围压为 8 MPa 时不同倾角贯穿裂隙岩体的全应力-应变曲线

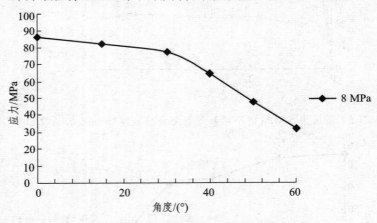

（d）围压为 8 MPa 时不同倾角结构面力学效应

图 3.8   围压一定时不同倾角结构面的力学效应

比较同围压下结构面的力学效应（围压 σ_3 为定值，轴向应力与围压的应力差与 β 的关系），与 Jaeger J. C[11]研究得到的结果规律基本相同，Jaeger J. C 研究了 β 从 0° 到 90° 的情况，本书只研究了 β 从 15° 到 60° 的范围（图 3.8）。与 Jaeger J. C 结论不同的是，其得出裂隙倾角 $\beta \leqslant \phi_w$ 时的峰值强度 σ_1 与完整试块相同，而本书试验得出的结论是裂隙倾角 $\beta \leqslant \phi_w$ 时峰值强度比完整试块峰值强度降低。

另外，围压过大（如试验中围压达到 15 MPa）时，裂隙面的力学效应随着角度变化的规律就会消失，而且随着围压的增加，峰值强度的增加也不再规律，原因应该是围压过大，已经破坏了裂隙岩体的平衡。由于裂隙岩体上下岩块受围压面积并非是对称的，因此在加载围压过程中由于围压过大先将裂隙岩体破坏了，因此围压过大时已经失去了研究的规律性。

　　将试验得出的表 3.2 中的数据输入 MATLAB 中绘图得到曲线，并进行拟合得出相应的函数关系，见图 3.9。根据试验数据拟合得到峰值强度与完整试件到裂隙倾角 60° 角度变化之间的函数关系应为 $y = ax^3 + bx^2 + cx + d$。图中所展示的峰值强度与裂隙角度的曲线在 $0 < \beta < \dfrac{\pi}{4} + \dfrac{\phi_{\mathrm{w}}}{2}$ 部分，特别是在 β 值较低的前部分与由莫尔库仑理论建立的等强度的平直段曲线不同。

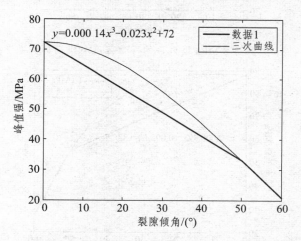

（a）围压 3 MPa 下试件的峰值强度与倾角的关系

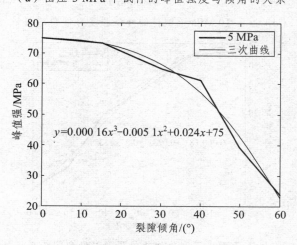

（b）围压 5 MPa 下试件的峰值强度与倾角的关系

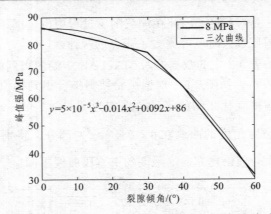

$$y=5\times10^{-5}x^3-0.014x^2+0.092x+86$$

（c）围压 8 MPa 下试件的峰值强度与倾角的关系

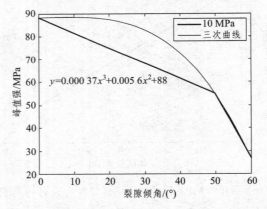

$$y=0.000\ 37x^3+0.005\ 6x^2+88$$

（d）围压 10 MPa 下试件的峰值强度与倾角的关系

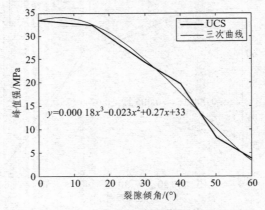

$$y=0.000\ 18x^3-0.023x^2+0.27x+33$$

（e）无围压下试件的峰值强度与倾角的关系

图 3.9　围压固定时试件的峰值强度与倾角的关系

3.3.2 相同裂隙倾角裂隙岩体试件在不同围压下的试验结果分析

从试验数据得出如下规律：

（1）相同倾角含贯穿裂隙岩体试件随围压的增大，其破坏峰值强度也相应增大。

（2）随着围压的增大，峰值破坏时的轴向应变 ε_1 也相应增大。

（3）随着围压的增大，峰值破坏后的试块的残余强度也是随之增大的。

分析不同倾角的裂隙岩体在不同围压下的全应力-应变曲线图均可得出以上的结论，见图 3.10。

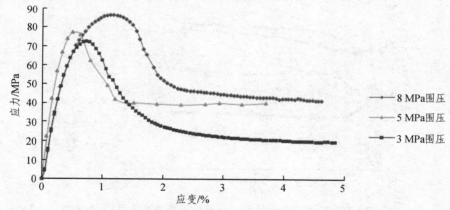

（a）15°裂隙倾角试件在不同围压下的全应力-应变曲线

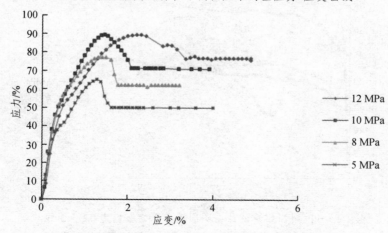

（b）30°裂隙倾角试件在不同围压下的全应力-应变曲线

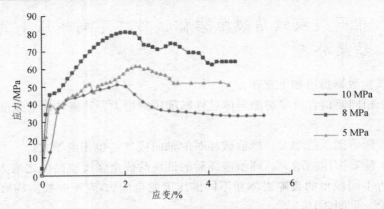

（c）40°裂隙倾角试件在不同围压下的全应力-应变曲线

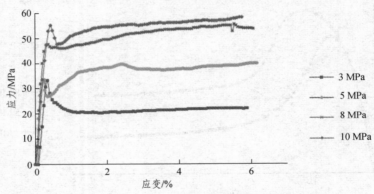

（d）50°裂隙倾角试件在不同围压下的全应力-应变曲线

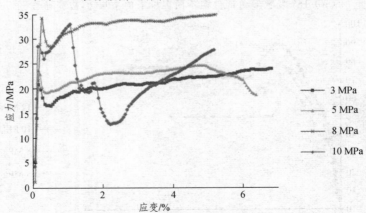

（e）60°裂隙倾角试件在不同围压下的全应力-应变曲线

图 3.10　裂隙倾角一定时裂隙试件在不同围压下的全应力-应变曲线

　　试验过程中若出现浸油现象,则会对试验结果产生很大影响,比如图 3.19。

　　从不同围压下的全应力应变曲线和得到的数据可以得出:

　　(1)围压变化对峰值强度的影响如图 3.11 所示。

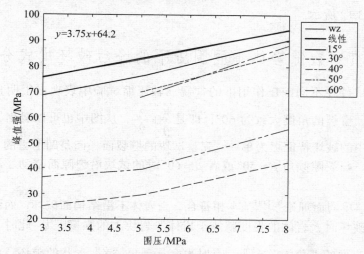

图 3.11　不同倾角裂隙试件峰值强度 σ_1 与围压关系曲线

　　从不同倾角裂隙试件峰值强度 σ_1 与围压关系曲线图中可以看出:围压完整试件和裂隙岩体试件的峰值强度随着围压均呈现出近似线性的增长关系,且增长速率大致相同。将数据调入到 MATLAB 中可得到峰值强度与围压之间的函数关系[196]。

　　(2)围压对峰后残余强度的影响如图 3.12 所示。

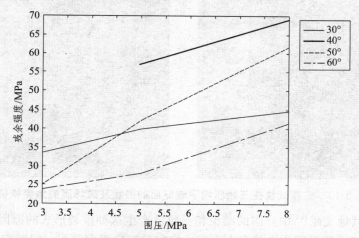

图 3.12　不同倾角裂隙试件峰后残余强度与围压的关系曲线

由于峰值后的强度不是一个恒定值，一般取较为稳定阶段的强度值作为峰后残余强度。与峰值强度类似，峰后残余强度和围压之间也呈现出线性关系，但不同倾角裂隙岩体试件的峰后残余强度与围压之间的线性比例有较强差异性，如图 3.12 所示。

3.3.3　贯穿裂隙岩体不同围压下的峰后破坏模式分析

完整试件在不同围压作用下的常规三轴压缩试验中表现出很明显的劈裂破坏特征，劈裂的角度大致为 $60°$，即是 $\dfrac{\pi}{4}+\dfrac{\varphi_0}{2}$，从图中也可以看出，比单轴压缩试验中的破坏特征更为单一。完整试块的劈裂面一面是凹下去的，另一面是凸出的，与裂隙倾角 $\beta = 50°$ 或者 $\beta = 60°$ 时的试块沿裂隙面错动、滑动是截然不同的。

这与"单弱面理论"[14]基本相符合，当岩体不沿结构面破坏，而沿岩石的某一方向破坏时，岩体的强度就等于岩体（岩块）的强度[197]。此时，破坏面与 σ_1 的垂直面的夹角为 $\dfrac{\pi}{4}+\dfrac{\varphi_0}{2}$。有时也会显现出"X"形状的破坏，两条交叉的破坏面成对称分布，依然是满足理论推导的角度。

在完整试件破坏后的图片中可清楚地看见三轴压缩破坏后的形状（图 3.13）。断裂面由一定倾角的平面和部分以岩样端面为底的锥面共同构成。上下部分破坏面与水平面之间的夹角较小，而中间的破坏面与水平面的夹角较大。

图 3.13　完整试块在三轴压缩下破坏面的形状及破坏面的角度特征

这与其他文献[49]中介绍的结论相一致。产生这种破裂形式的原因可能是，岩样端部和试验机压头之间存在摩擦，抑制材料的横向膨胀，但影响随深度增加而逐步减小，因此剪切破坏面呈现圆锥状。

裂隙倾角为 15° 时，试件基本上不沿裂隙面破坏，而仍然是显现出和完整试块大致相同的破坏特征，也是沿着角度大致为 $\frac{\pi}{4}+\frac{\varphi_0}{2}$ 劈裂破坏。在裂隙的靠近试件边缘处，裂隙面起到小的影响，但对整体无大的改变。

裂隙倾角为 30°、40°、45° 时，试块的破坏是一方面沿着裂隙面产生了错动、滑动，另一方面岩体本身也产生了劈裂破坏。

裂隙倾角为 50°、60° 时，试块的破坏就几乎由裂隙面影响了，完全沿着裂隙面滑动、错动，而岩体本身并不破坏。破坏后的裂隙面呈现出强烈的摩擦效果，且破坏后的裂隙面显得很光滑，并在两边的裂隙面滑动时产生石屑粉末状物质。

不同裂隙倾角试块在不同围压下的破坏模式如图 3.14 ~ 图 3.17 所示。

图 3.14　完整试块在 3 MPa 围压下压缩的破坏模式

图 3.15　15° 倾角试块在 5 MPa 围压下压缩的破坏模式

图 3.16   40° 倾角试块在 8 MPa 围压下压缩破坏模式

图 3.17   50° 倾角试块在 8 MPa 围压下压缩的破坏模式

根据围压的不同，包括和单轴压缩试验的比较可以看出，随着围压的增大，试块剪切破坏的特征增强，特别是围压状态下的破坏和单轴压缩的破坏差异性非常大。

3.3.4   贯穿裂隙岩体峰后变形特性分析

（1）轴向和侧向应变速率的比较。

径向应变和轴向应变速率之比在试件压缩破坏的不同过程中表现为泊松比 υ、峰后应变软化阶段泊松比 $\hat{\upsilon}_s$ 和峰后残余强度泊松比 $\hat{\upsilon}_r$。

从图 3.18 ~ 图 3.25 中可以看出，峰值破坏前侧向应变 ε_3 和轴向应变 ε_1 呈现出大致的线性关系，也即泊松比 υ 在 0.2 到 0.25 之间。

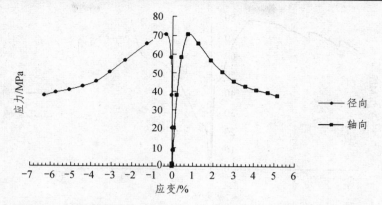

图 3.18   裂隙倾角 15°、围压 5 MPa 时的主应力差-应变曲线

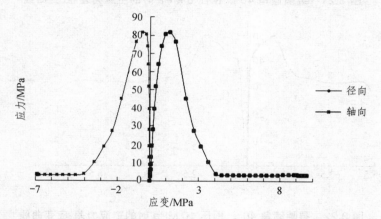

图 3.19   裂隙倾角 15°、围压 8 MPa 时的主应力差-应变曲线（浸油了）

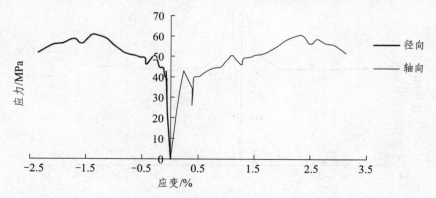

图 3.20   裂隙倾角 40°、围压 5 MPa 时的主应力差-应变曲线

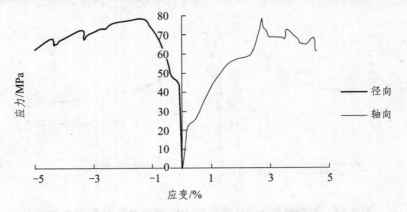

图 3.21   裂隙倾角 40°、围压 8 MPa 时的主应力差-应变曲线

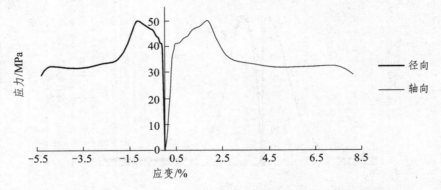

图 3.22   裂隙倾角 40°、围压 10 MPa 时的主应力差-应变曲线

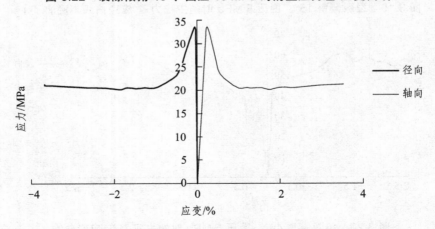

图 3.23   裂隙倾角 50°、围压 3 MPa 时的主应力差-应变曲线

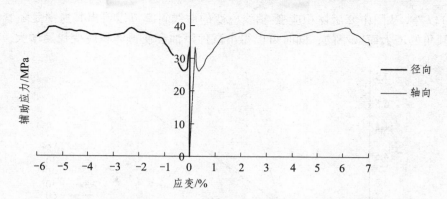

图 3.24　裂隙倾角 50°、围压 5 MPa 时的主应力差-应变曲线

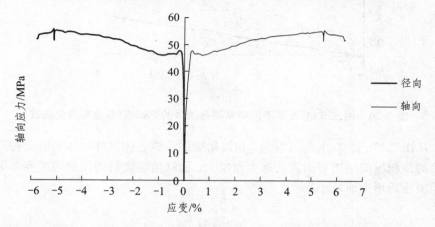

图 3.25　裂隙倾角 50°、围压 8 MPa 时的主应力差-应变曲线

在峰值点之后很短的时间内，侧向应变 ε_3 和轴向应变 ε_1 之间的关系是非线性的，但其比值仍能从其曲线上取切线斜率作为峰值泊松比 υ_s，侧向应变 ε_3 快速增大，要大于轴向应变 ε_1 的增长速率，大约为轴向应变 ε_1 增长速率的 1 到 2 倍，表现为明显的侧向扩容。

而过了峰值强度后临界段之后大部分范围内侧向应变 ε_3 和轴向应变 ε_1 之间又呈现出线性关系，其数值 υ_r 的大小差异较大，与其破坏的形态有关。

（2）体积应变随着围压不同的变化。

从图 3.26 可以看出：在围压 5 MPa 下，15° 倾角贯穿裂隙试件的峰后体积应变最大，60° 倾角贯穿裂隙试件的峰后体积应变最小，但中间倾角裂隙试件的体积应变并没有随裂隙倾角的变化而呈现线性的规律，只是体积应变大致随着裂隙倾角的增大而减小。体积应变的速率除去裂隙倾角 30° 试件（试验中浸油）以外，从图中峰后体积应变-轴线应变的曲线斜率可以看出其速率是随着裂隙倾角的增大而减小的，同时可以得出试件浸油会使得体积应变快速增大。

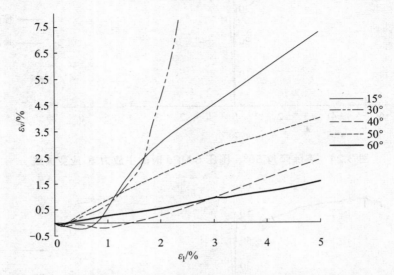

图 3.26　围压 5 MPa 下不同倾角裂隙试件的体积应变-轴向应变曲线

从图 3.27、图 3.28 可以看出，相同角度的裂隙岩体试件的体积应变在压缩阶段的体积压缩率随着围压的增大而增大，而峰值强度后的体积的扩容率则基本随围压的增大而减小。

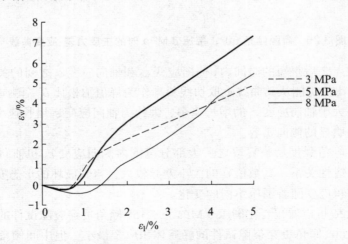

图 3.27　裂隙倾角为 15° 时不同围压下的体积应变-轴向应变曲线

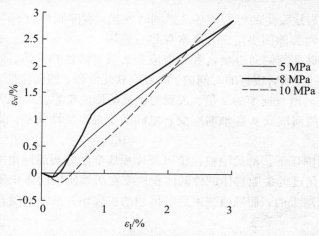

图 3.28 裂隙倾角为 50° 时不同围压下的体积应变-轴向应变曲线放大图

3.4 本章小结

本章利用三轴加压伺服刚性压力机对预制不同倾角贯穿裂隙类岩石试件进行了常规三轴压缩试验，研究了定围压下贯穿裂隙倾角对全应力-应变曲线、轴向和径向应变速率的对比、破坏形式、峰值强度、峰后残余强度和变形特性、应变软化特性等的影响，以及围压对裂隙岩体峰后变形破坏特性的影响。从试验结果中分析可以得出以下结论：

（1）具有相同裂隙倾角的试块，峰值强度随着围压的增大基本呈现线性增加；随着围压的增大，峰值破坏时的轴向应变 ε_1 也相应增大；随着围压的增大，峰值破坏后的试块的残余强度也是随之增大的。

（2）相同围压下，完整试块的峰值强度最大，裂隙岩体基本上随着裂隙倾角的增大而呈非线性的减弱，在角度为 40° 附近的裂隙岩体中存在多个峰值的现象；峰后的残余强度，也基本上随着裂隙倾角的增大而减弱，30°、40° 和 45° 倾角裂隙岩体试块的峰后残余强度呈现出波动性。达到第 1 个峰值强度值时的轴向应变 ε_1 的值有大致的规律，即裂隙倾角越大，达到峰值强度时的轴向应变值越小。

（3）完整试件在不同围压作用下的常规三轴压缩试验中表现出很明显的劈裂破坏特征，劈裂的角度大致为 60°。裂隙倾角为 15° 时，仍然是显现出和完整试块大致相同的破坏特征。裂隙倾角为 30°、40°、45° 时，沿着裂隙面产生错动、滑动和岩块发生的劈裂破坏几乎同时发生。裂隙倾角为 50°、60° 时，试块的破坏几乎由裂隙面决定，岩块本身并不破坏。

（4）峰值破坏前侧向应变 ε_3 和轴向应变 ε_1 具有线性相关性，即泊松比 υ 在 0.2 到 0.25 之间。峰后很短的时间内，即应变软化阶段，侧向应变 ε_3 快速增大，约为轴向应变 ε_1 增长速率的 2 倍，表现为明显的侧向扩容。而到达峰后的残余强度阶段时，侧向应变 ε_3 和轴向应变 ε_1 之间又呈现出线性关系，此时视泊松比值在 1.0 左右。

（5）相同围压下，峰后泊松比值以及体积应变随着裂隙倾角增大而减小。

（6）相同角度的裂隙岩体试件的体积应变在压缩阶段的体积压缩率是随着围压的增大而增大的；而峰值强度后的体积的扩容率，基本上随着围压的增大而减小。

第 4 章　贯穿裂隙岩体峰后应力应变关系研究

本章通过对裂隙岩体的黏聚力、摩擦角、裂隙的倾角、围压与裂隙岩体强度之间的关系进行分析，基于莫尔-库仑强度准则和应变软化模型，对韩建新等[198]的研究成果进行改进，得出更适合裂隙岩体的峰后应力应变关系。

4.1　基于库仑强度准则的贯穿裂隙岩体的数学模型

在隧道等岩体工程设计和稳定性分析中，研究贯穿裂隙岩体在加、卸荷过程中的强度和破坏是很重要的。

本章将基于库仑强度准则，探讨贯穿裂隙岩体强度与裂隙面的倾斜角、黏聚力、内摩擦角、岩块的黏聚力和内摩擦角等之间的关系，寻求贯穿裂隙岩体破坏方式的相关判据。

为建立研究贯穿裂隙岩体的强度和破坏方式的数学模型，首先建立含 1 条贯穿裂隙岩体的强度和破坏方式的数学模型。

如图 4.1 所示，设试件所受最小主应力为 σ_3，最大主应力为 σ_1，试件内含 1 条贯穿裂隙，贯穿裂隙的倾斜角、裂隙面的黏聚力和内摩擦角分别为 β、c_w 和 ϕ_w，裂隙面上的剪应力和正应力分别为 τ 和 σ。模型有以下假设：

（1）岩块为各向同性的均质体。

（2）岩石强度服从库仑准则。

（3）裂隙强度服从库仑准则。

由于裂隙面的强度一般要比岩块的强度小，所以只需考虑裂隙面的强度就可以大致推算出岩体的强度。下面将裂隙面破坏时的最大主应力 σ_1 用最小主应力 σ_3 和裂隙倾角来表示。由莫尔应力圆理论可得：

$$\sigma = \frac{1}{2}(\sigma_1 + \sigma_2) + \frac{1}{2}(\sigma_1 - \sigma_3)\cos(2\beta) \tag{4.1}$$

$$\tau = \frac{1}{2}(\sigma_1 - \sigma_3)\sin(2\beta) \tag{4.2}$$

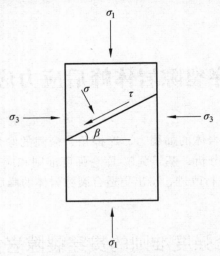

图 4.1　贯穿裂隙岩体模型

由裂隙强度服从库仑准则可得

$$\tau = c_{\mathrm{w}} + \sigma \tan \phi_{\mathrm{w}} \tag{4.3}$$

将（4.1）、（4.2）、（4.3）式联立得

$$\sigma_1 = \sigma_3 + \frac{2(c_{\mathrm{w}} + \sigma_3 \tan \phi_{\mathrm{w}})}{(1 - \tan \phi_{\mathrm{w}} \cos \beta)\sin(2\beta)} \tag{4.4}$$

其中，c_{w}，ϕ_{w} 分别表示岩块的黏聚力和内摩擦角。式（4.4）即为由最大主应力 σ_1 和最小主应力 σ_3 表示的裂隙强度库仑准则。而由最大主应力 σ_1 和最小主应力 σ_3 所表示的岩块强度库仑准则为：

$$\sigma_1 = \frac{1 + \sin \phi_0}{1 - \sin \phi_0}\sigma_3 + \frac{2c \cos \phi_0}{1 - \sin \phi_0} \tag{4.5}$$

其中，c_0，ϕ_0 分别表示岩块的黏聚力和内摩擦角。

按式（4.4）的函数关系，并依据试验得到的裂隙面的黏聚力 c_{w} 和摩擦角 ϕ_{w} 的值，将其代入函数（4.4），并输入到 MATALAB 中进行对调试运算，得到如图 4.2、4.3 中的曲线图。

公式（4.4）在 $\sigma_3 = 0$ 和 $c_{\mathrm{w}} = 0$ 的时候，即裂隙单轴压缩时存在奇异性。裂隙倾角在 $\beta > \phi_{\mathrm{w}}$ 且 $c_{\mathrm{w}} = 0$ 时候，在单轴压缩时完全不能承载。

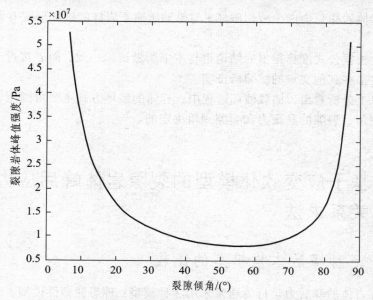

图 4.2　单轴压缩条件下裂隙面倾角对试件强度的影响

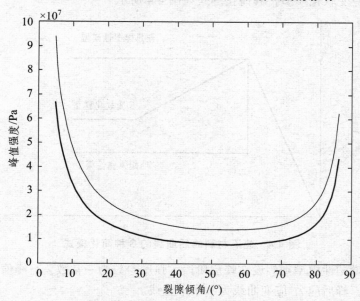

图 4.3　不同围压下试件的峰值强度与倾角的关系比较图

　　而围压不为零、β 接近 90° 时公式（4.4）的分母接近于 0，所以求得裂隙的承载能力接近于无穷大，因而也就不会产生沿轴向的张拉破坏，即围压下压缩裂隙岩体岩样只会产生剪切破坏，与单轴压缩下岩样的破坏形式有着本质的区别。

以上根据公式推算得出的结论也与本书所做试验一致，而 β 接近 90° 时的结果也被很多其他文章的试验所证实。

由以上分析看出，加载破坏过程中，岩体的破坏方式主要由围压、裂隙面的内摩擦角、裂隙的黏聚力和裂隙倾角决定的。

4.2　基于应变软化模型的裂隙岩体峰后应力应变关系求法

4.2.1　三种峰后本构模型的比较

研究岩体的峰后力学行为通常采用 3 种模型：理想弹塑性模型、理想弹脆性模型和应变软化模型，其简化形式如图 4.4 所示。

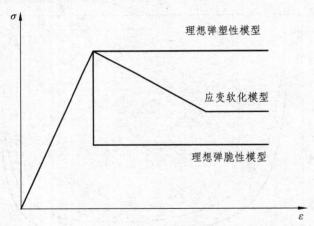

图 4.4　岩石材料峰后曲线的 3 种简化模式

理想弹塑性模型则假设在峰后阶段，强度参数为一常数，与峰值处的强度参数相等，峰后应力-应变曲线为一水平直线。

理想弹脆性模型则认为，当岩体变形到达峰值点之后，岩体的强度参数突然下降到残余值，在峰后阶段，其应力-应变曲线包括脆性跌落段和残余阶段[199-213]。

应变软化模型，在峰后阶段，强度参数（如黏聚力和摩擦角等）随着应变软化参数（如塑性主应变）的增加而逐渐演化，当到达残余阶段时，才不再发生变化[210-217]，这在很多文献中都提到了。在峰后变形阶段，其应力-应变曲线分为两段：软化阶段和残余阶段。本书主要针对的是砂岩的类岩石材料的研究，因此采用峰后应变软化的本构模型更加合适。

4.2.2　应变软化模型参数的确定

应变软化本构模型主要由内聚力、摩擦角、剪胀角和围压等参数来确定，本章主要讨论前 2 个参数对裂隙岩体强度的影响。

内聚力和摩擦角随内变量的变化关系，一些文献给出的结论是在软化阶段比弹性阶段弱且在软化阶段是逐渐弱化的；另外一些文献给出的结论是内聚力在软化阶段弱化，而摩擦角却是逐渐强化的。图 4.5 是文献[207]给出的大理石黏聚力和内摩擦角与应变的关系曲线，而本书根据试验得出的结论和后者相符。

Mohr-Coulomb 屈服准则物理意义明确，能较好地拟合大部分岩石的常规三轴压缩试验的结果，在岩土工程中得到了广泛应用[198]，其表达式为

$$\tau = c + \mu \sigma_n \tag{4.6}$$

式中：c 和 μ 分别为黏聚力和内摩擦系数。

式（4.6）在主应力空间为表示为

$$\sigma_1 = \frac{1+\sin\phi_0}{1-\sin\phi_0}\sigma_3 + \frac{2c_0\cos\phi_0}{1-\sin\phi_0} \tag{4.7}$$

式中：ϕ_0 为内摩擦角。该准则表明，岩石的强度由两部分承担：一部分为与围压无关的黏聚强度；一部分为与围压有关的摩擦强度。

本书的第 3 章第 3.2 节已经对本书试验得出的数据进行了分析，关于峰值前、峰值应变软化阶段和残余强度后的摩擦角和黏聚力的计算方法和结果都已给出。

4.2.3　裂隙岩体峰后应力应变关系的提出

分析以上岩石的峰后应变软化模型发现，其本构关系较适合于完整岩块，但是在裂隙岩体的峰后特性中就略显不足。很多学者做的大量研究表明，裂隙岩体峰后强度常呈现出更为复杂的变化，峰后的强度经常并不是简单的下降到残余强度并保持不变，甚至在第 1 个峰值强度后还会出现第 2 个或者更多峰值，在一些论文中也经常被提到[17, 45]。

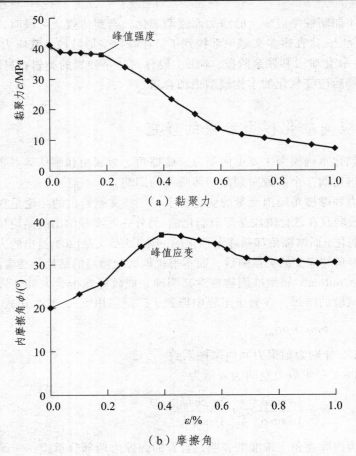

（a）黏聚力

（b）摩擦角

图 4.5　大理石黏聚力和内摩擦角与应变关系曲线[207]

结合本书中裂隙岩体的峰后特性的单轴和三轴试验得到的结果，建立新型的符合裂隙岩体峰后应变软化性质的本构关系，将更加符合裂隙岩体峰后特性的实际情况。

由第 2 章和第 3 章的不同倾角裂隙岩体的峰后曲线与图 4.6 中完整岩块峰后曲线进行比较，可以看出完整岩石的峰后曲线用图 4.4 中的应变软化模型是合理的，但裂隙岩体则不同，用完整岩块的应变软化的本构不能较好地表达。为此本书建立了新型的符合裂隙岩体的峰后特性的应变软化模型，图 4.7 则为裂隙岩体的全应力-应变曲线的简化模型，当然此模型也仅是对峰后的特性作简化；Type A 型较适合围压较高时裂隙岩体的峰后特性；Type B 型则适合低围压或单轴压缩条件下，且裂隙倾角在 30° 到 50° 之间的裂隙岩体的峰后特性。

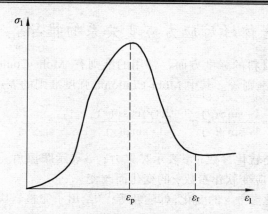

图 4.6　岩石材料的全应力-应变曲线

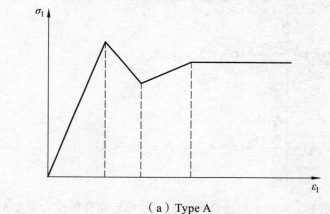

（a）Type A

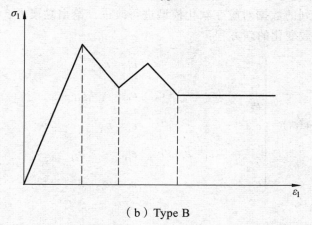

（b）Type B

图 4.7　裂隙岩体的全应力应变曲线的简化模型

4.2.4 裂隙岩体峰后应力应变关系的推导

在研究岩石材料的强度方面，常用的准则有 Mohr-Coulomb 强度准则和 Hoek-Brown 强度准则等。其中 Mohr-Coulomb 强度准则的表达式为

$$\sigma_1 = \frac{1+\sin\phi(\gamma)}{1-\sin\phi(\gamma)}\sigma_3 + \frac{2c(\gamma)\cos\phi(\gamma)}{1-\sin\phi(\gamma)} \tag{4.8}$$

式中，γ 表示应变软化参数；c 表示黏聚力；ϕ 表示摩擦角。在峰后应变软化阶段，c 和 ϕ 随着应变软化参数 γ 的变化而改变。

关于应变软化参数 γ 的变化，韩建新等[199]给出了完整岩块的峰后应变软化参数的变化方程如下：

$$c(\varepsilon_1) = \begin{cases} c_p, & \varepsilon_1 \leqslant \varepsilon_p \\ \dfrac{c_r - c_p}{\varepsilon_r - \varepsilon_p}(\varepsilon_1 - \varepsilon_p) + c_p, & \varepsilon_p < \varepsilon_1 < \varepsilon_r \\ c_r, & \varepsilon_1 \geqslant \varepsilon_r \end{cases} \tag{4.9}$$

$$\phi(\varepsilon_1) = \begin{cases} \phi_p, & \varepsilon_1 \leqslant \varepsilon_p \\ \dfrac{\phi_r - \phi_p}{\varepsilon_r - \varepsilon_p}(\varepsilon_1 - \varepsilon_p) + \phi_p, & \varepsilon_p < \varepsilon_1 < \varepsilon_r \\ \phi_r, & \varepsilon_1 \geqslant \varepsilon_r \end{cases} \tag{4.10}$$

在以上基础上，为建立更适合裂隙岩体的峰后特性的应力应变关系，根据本书试验中得到的数据对应变软化模型进行改进，给出黏聚力 c 和摩擦角 ϕ 关于应变软化参数变化的新方程：

$$c(\varepsilon_1) = \begin{cases} c_p, & \varepsilon_1 \leqslant \varepsilon_p \\ \dfrac{c_r - c_p}{\varepsilon_r - \varepsilon_p}(\varepsilon_1 - \varepsilon_p) + c_p, & \varepsilon_p < \varepsilon_1 < \varepsilon_{r1} \\ c_r, & \varepsilon_1 = \varepsilon_{r1} \\ \dfrac{c_{r2} - c_r}{\varepsilon_{r2} - \varepsilon_r}(\varepsilon_1 - \varepsilon_r) + c_r, & \varepsilon_{r1} < \varepsilon_1 < \varepsilon_{r2} \\ c_{r2}, & \varepsilon_1 \geqslant \varepsilon_{r2} \end{cases} \tag{4.11}$$

$$\phi(\varepsilon_1) = \begin{cases} \phi_{\mathrm{p}}, & \varepsilon_1 \leqslant \varepsilon_{\mathrm{p}} \\ \dfrac{\phi_{\mathrm{r}} - \phi_{\mathrm{p}}}{\varepsilon_{\mathrm{r1}} - \varepsilon_{\mathrm{p}}}(\varepsilon_1 - \varepsilon_{\mathrm{p}}) + \phi_{\mathrm{p}}, & \varepsilon_{\mathrm{p}} < \varepsilon_1 < \varepsilon_{\mathrm{r1}} \\ \phi_{\mathrm{r}}, & \varepsilon_1 = \varepsilon_{\mathrm{r1}} \\ \dfrac{\phi_{\mathrm{r2}} - \phi_{\mathrm{r}}}{\varepsilon_{\mathrm{r2}} - \varepsilon_{\mathrm{r1}}}(\varepsilon_1 - \varepsilon_{\mathrm{r1}}) + \phi_{\mathrm{r}}, & \varepsilon_{\mathrm{r1}} < \varepsilon_1 < \varepsilon_{\mathrm{r2}} \\ \phi_{\mathrm{r2}}, & \varepsilon_1 \geqslant \varepsilon_{\mathrm{r2}} \end{cases} \quad (4.12)$$

其中，ε_{p}，$\varepsilon_{\mathrm{r1}}$，$\varepsilon_{\mathrm{r2}}$ 分别表示峰值处的主应变、残余强度开始处的主应变、继续加载后达到一定稳定强度时（称之为第二残余强度）的主应变。上述软化参数的公式适合裂隙岩体全应力-应变曲线的简化模型中 Type A 型的本构关系（图 4.8）。

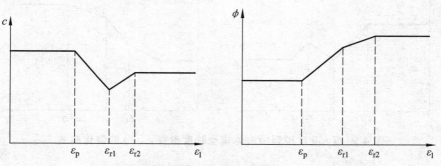

图 4.8　Type A 型裂隙岩体模型强度参数 c、ϕ 的演化曲线

同样，建立适合裂隙岩体全应力-应变曲线的简化模型中 Type B 型的本构关系（图 4.9），如下：

$$c(\varepsilon_1) = \begin{cases} c_{\mathrm{p}}, & \varepsilon_1 \leqslant \varepsilon_{\mathrm{p}} \\ \dfrac{c_{\mathrm{r}} - c_{\mathrm{p}}}{\varepsilon_{\mathrm{r}} - \varepsilon_{\mathrm{p}}}(\varepsilon_1 - \varepsilon_{\mathrm{p}}) + c_{\mathrm{p}}, & \varepsilon_{\mathrm{p}} < \varepsilon_1 < \varepsilon_{\mathrm{r}} \\ c_{\mathrm{r}}, & \varepsilon_1 = \varepsilon_{\mathrm{r1}} \\ \dfrac{c_{\mathrm{r2}} - c_{\mathrm{r}}}{\varepsilon_{\mathrm{r2}} - \varepsilon_{\mathrm{r}}}(\varepsilon_1 - \varepsilon_{\mathrm{r1}}) + c_{\mathrm{r}}, & \varepsilon_{\mathrm{r1}} < \varepsilon_1 < \varepsilon_{\mathrm{r2}} \\ c_{\mathrm{r2}}, & \varepsilon_1 = \varepsilon_{\mathrm{r2}} \\ \dfrac{c_{\mathrm{r3}} - c_{\mathrm{r2}}}{\varepsilon_{\mathrm{r3}} - \varepsilon_{\mathrm{r2}}}(\varepsilon_1 - \varepsilon_{\mathrm{r2}}) + c_{\mathrm{r2}}, & \varepsilon_{\mathrm{r2}} < \varepsilon_1 < \varepsilon_{\mathrm{r3}} \\ c_{\mathrm{r3}}, & \varepsilon_1 \geqslant \varepsilon_{\mathrm{r3}} \end{cases} \quad (4.13)$$

$$\phi(\varepsilon_1) = \begin{cases} \phi_p, & \varepsilon_1 \leqslant \varepsilon_p \\ \dfrac{\phi_r - \phi_p}{\varepsilon_r - \varepsilon_p}(\varepsilon_1 - \varepsilon_p) + \phi_p, & \varepsilon_p < \varepsilon_1 < \varepsilon_r \\ \phi_r, & \varepsilon_1 = \varepsilon_{r1} \\ \dfrac{\phi_{r2} - \phi_r}{\varepsilon_{r2} - \varepsilon_r}(\varepsilon_1 - \varepsilon_{r1}) + \phi_r, & \varepsilon_{r1} < \varepsilon_1 < \varepsilon_{r2} \\ \phi_{r2}, & \varepsilon_1 = \varepsilon_{r2} \\ \dfrac{\phi_{r3} - \phi_{r2}}{\varepsilon_{r3} - \varepsilon_{r2}}(\varepsilon_1 - \varepsilon_{r2}) + \phi_{r2}, & \varepsilon_{r2} < \varepsilon_1 < \varepsilon_{r3} \\ \phi_{r3}, & \varepsilon_1 \geqslant \varepsilon_{r3} \end{cases} \tag{4.14}$$

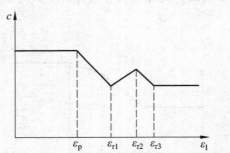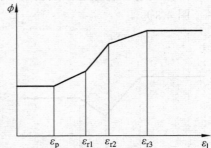

图 4.9　Type B 型裂隙岩体模型强度参数 c、ϕ 的演化曲线

4.2.5　裂隙岩体峰后应力应变关系的验证

（1）Type A 型裂隙岩体峰后应变软化应力应变关系的验证。

表 4.1 是三轴压缩试验对 50° 倾角试验数据进行整理计算得到的结果。根据试验得出的数据求得峰后不同阶段的 c、ϕ 值，代入到 Mohr-Coulomb 强度准则公式，并用 MATLAB 进行运算绘图，得出的曲线如图 4.10、4.11 所示。

表 4.1　贯穿裂隙试件压缩试验强度特性的部分统计结果

试件编号	β /(°)	σ_3 /MPa	ε_p /%	ε_r /%	ε_{r2} /%	σ_1 /MPa	σ_{1r} /MPa	σ_{1r2} /MPa	c /MPa	ϕ /(°)	c_r /MPa	ϕ_r /(°)	c_{r2} /MPa	ϕ_{r2} /(°)
60-5	60	3	0.33	1.1	1.1	24.95	19.4	23.9						
60-2	60	5	0.205	0.35	1.22	29.75	24.1	27.9	3.56	34	2.18	33	3.17	34
60-6	60	8	0.35	0.46	2.4	42.43	36.5	41.4						

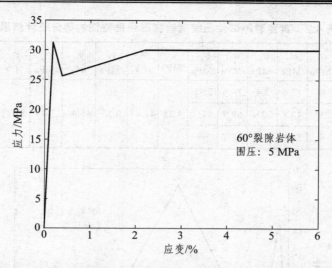

图 4.10　60° 裂隙岩体根据裂隙岩体应变软化模型画出的应力-应变曲线

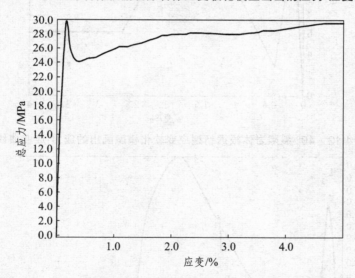

图 4.11　60° 裂隙岩体根据裂隙岩体试验得出的应力-应变曲线

（2）Type B 型裂隙岩体峰后应力应变关系的验证。

表 4.2 是单轴压缩和三轴压缩试验对 40° 倾角裂隙岩体试件的试验数据进行整理计算得到的结果。同样将峰后不同阶段的 c、ϕ 值，代入到 Mohr-Coulomb 强度准则公式，利用 MATLAB 绘图，得出曲线如图 4.12 所示，与试验得出的应力应变曲线（图 4.13）趋势基本相同。

表 4.2　贯穿裂隙试件压缩试验变形强度特性的部分统计结果

试件编号	β /(°)	σ_3 /MPa	σ_1 /MPa	σ_{1r} /MPa	σ_{1r2} /MPa	σ_{1r3} /MPa	c /MPa	ϕ /(°)	c_r /MPa	ϕ_{r1} /(°)	c_{r2} /MPa	ϕ_{r2} /(°)	c_{r3} /MPa	ϕ_{r3} /(°)
40-un2	40	0	12.6	3.4	16.6	2.88								
40-1	40	5	48.8	32.4	68.7	57.3	3.25	43.47	0.55	46.46	3.04	53.41	1.04	52.19
40-7	40	8	54.2	54	88.7	69								

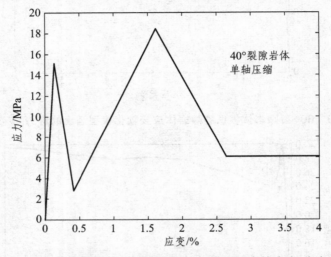

图 4.12　40° 裂隙岩体根据新型应变软化模型画出的应力-应变曲线

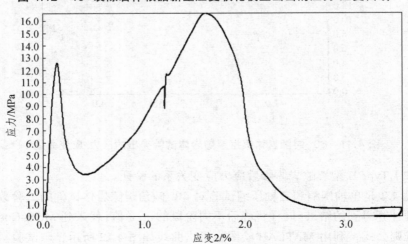

图 4.13　40° 裂隙岩体根据裂隙岩体试验数据采集得到的应力-应变曲线

对裂隙岩体峰后应力应变关系的 Type A 型和 Type B 型进行了验证，得出的结果与试验直接得出的数据（如图 4.11、图 4.13 所示，是试验中通过传感器将数据传输到 TEST 软件中得到的实时数据），从数值大小和变化规律性上能较好地吻合。通过以上的算例可以证明本章建立的新的裂隙岩体的峰后应力-应变关系是有效的。

4.3　本章小结

基于库仑强度准则，对贯穿裂隙岩体的模型进行计算，建立了围压不变时岩体强度随着裂隙倾角变化的数学模型，并用 MATLAB 软件进行了可视化输出，探讨裂隙面的倾斜角、黏聚力、内摩擦角和围压共同影响贯穿裂隙岩体强度和破坏方式的规律。

对前两章裂隙岩体单轴和三轴压缩试验得出的数据结果进行整理分析，基于峰后应变软化模型，分析了裂隙岩体峰后的强度随着应变、摩擦角、黏聚力的变化而变化的规律，参照完整岩块的峰后本构关系，以黏聚力和摩擦角为变量建立了新型的裂隙岩体峰后应力-应变关系。新建的峰后应力-应变关系适用于一定倾角的裂隙岩体在一定围压或单轴压缩条件下的状态。极小或极大倾角以及较大围压下则不太适应，需要进行调整。

第 5 章　裂隙岩体锚杆加固优化的力学模型

5.1　问题陈述

隧道等地下工程开挖后，洞室周边通常会产生许多贯穿裂隙。贯穿裂隙的存在，不仅使围岩的各向异性十分显著，同时造成了围岩的不连续性，使围岩的强度降低，变形破坏更加复杂，直接影响洞室围岩的稳定。为保持围岩的稳定，一般需要对围岩进行锚杆加固，如图 5.1 所示。而锚固方法的好坏对锚固效果、锚固速度和锚固成本等有着直接的影响，因此，开展贯穿裂隙岩体锚杆锚固优化研究，在工程设计和围岩的稳定性分析中非常重要。在研究锚杆的锚固作用和锚固优化方面，国内外学者和专家从不同角度做了很多工作[218-222]，但从锚杆加固的方向出发，研究贯穿裂隙岩体的锚固优化方面的文章还很少见到。因此，从锚杆加固方向出发，开展贯穿裂隙岩体锚杆加固优化的研究，有着重要意义。

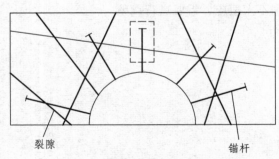

裂隙　　　　　　　　　　　　　　　锚杆

图 5.1　岩体试件取样示意图

尽管锚杆的作用机理因岩、土体条件的不同而有所差异，但是，作用本质可归结为改善被锚岩、土体的应力状态，提高其强度指标，形成具有较高强度指标及较强变形适用性的锚固体。本章将基于莫尔-库仑强度准则，以锚固后贯穿裂隙岩体的抗剪强度为目标函数，以锚固角度为变量，建立锚固后岩体的抗剪强度与锚杆锚固角度之间的关系，从而给出锚固岩体抗剪强度最大时锚固方向的确定方法。

　　为了获得问题的解，取围岩中部分锚固岩体为研究对象，如图 5.1 中虚线所围成的单元体，其物理模型可简化为图 5.2，对应的应力场如图 5.3（a）所示。该应力场可分解为锚固前的应力场图 5.3（b）和锚杆加固产生的应力场图 5.3（c），其中：σ_b 为锚杆对裂隙面施加沿锚杆方向的轴向应力；τ_b 为裂隙面有滑动趋势时，锚杆对锚固体施加的抗剪应力，可以看作提高了裂隙面的抗剪强度，亦即增加了锚固体的内聚力；σ_1 为岩石受到的最大主应力；σ_3 为岩石受到的最小主应力；β 为裂隙的倾斜角。

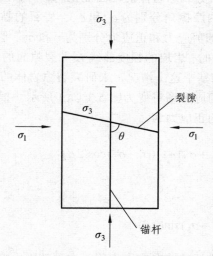

图 5.2　锚杆加固的物理模型

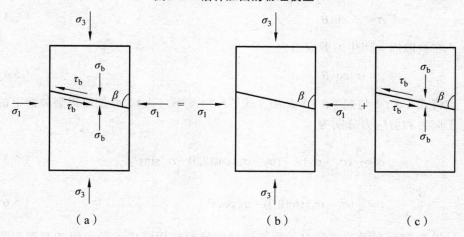

图 5.3　锚固岩体应力场的分解

　　为了获得图 5.3（a）所示岩体试块的锚固效果，需确定图 5.3（b）所示的应力场作用下裂隙岩体的破坏方式和图5.3（c）所示的应力场作用下的锚杆加固效果。

5.2　模型求解

首先研究含一条贯穿裂隙岩体的锚固优化问题。如图5.3（b）所示，设贯穿裂隙面的黏聚力和内摩擦角分别为c_w和ϕ_w，岩石的黏聚力和内摩擦角分别为c_0、ϕ_0。裂隙面上的剪应力和正应力分别为τ和σ。假设$c_w < c_0$，$\phi_w > \phi_0$，由分析可得，当$\beta > \phi_w$时，岩块的强度曲线L_1和裂隙面的强度曲线L_2的位置关系如图5.4所示。下面基于这一情况，来研究裂隙岩体的锚固优化问题。

锚杆加固后岩体的应力场将变为图5.3（a）所示。根据图5.3（b）可得未加锚杆时，裂隙面上的正应力为

$$\sigma = \frac{1}{2}(\sigma_1 + \sigma_2) + \frac{1}{2}(\sigma_1 - \sigma_3)\cos(2\beta) \tag{5.1}$$

剪应力为

$$\tau = \frac{1}{2}(\sigma_1 - \sigma_3)\sin(2\beta) \tag{5.2}$$

加锚杆后，由于锚杆的轴向应力作用，在裂隙面上产生的正应力为

$$\sigma = \sigma_b \sin\theta \tag{5.3}$$

在裂隙面上产生的剪应力为

$$\tau = \sigma_b \cos\theta \tag{5.4}$$

将式（5.1）与式（5.3）叠加，式（5.2）与式（5.4）叠加可得裂隙面上的总正应力和剪应力分别为

$$\sigma = \frac{1}{2}(\sigma_1 + \sigma_3) + \frac{1}{2}(\sigma_1 - \sigma_3)\cos(2\beta) + \sigma_b \sin\theta \tag{5.5}$$

$$\tau = \frac{1}{2}(\sigma_1 - \sigma_3)\sin(2\beta) + \sigma_b \cos\theta \tag{5.6}$$

设裂隙面有滑动趋势时，由于锚杆的抗剪作用产生的最大附加黏聚力为τ_b^*，则锚固后岩体的抗剪强度为

$$\tau = c_{w} + \tau_{b}^{*} + \sigma \tan \phi_{w} \tag{5.7}$$

式中，$\tau_{b}^{*} = \dfrac{F_{b\max}}{S / \cos \beta}$，$S$ 表示试件底面面积；$F_{b\max}$ 为在纯剪切条件下，锚杆可以承受的最大剪力。

将式（5.5）、（5.6）、（5.7）联立可得

$$\sigma_{1} = \sigma_{3} + \frac{2(c_{w} + \sigma_{3} \tan \phi_{w})}{(1 - \tan \phi_{w} \cot \beta) \sin(2\beta)} + \frac{2(-\sigma_{b} \cos \theta + \sigma_{b} \sin \theta \tan \phi_{w} + \tau_{b})}{(1 - \tan \phi_{w} \cot \beta) \sin(2\beta)} \tag{5.8}$$

式（5.8）即为加入锚杆后，由 σ_{1}、σ_{3} 表示的裂隙面库仑强度准则。

由式（5.8）可得锚固后岩体单轴抗压强度为

$$\sigma_{cw1} = \frac{2c_{w}}{(1 - \tan \phi_{w} \cot \beta) \sin(2\beta)} + \frac{2(-\sigma_{b} \cos \theta + \sigma_{b} \sin \theta \tan \phi_{w} + \tau_{b})}{(1 - \tan \phi_{w} \cot \beta) \sin(2\beta)} \tag{5.9}$$

由式（4.4）和式（5.8）对比可得，裂隙岩体锚固后增加了裂隙面的单轴抗压强度，增加值为

$$\Delta \sigma_{cw} = \frac{2(-\sigma_{b} \cos \theta + \sigma_{b} \sin \theta \tan \phi_{w} + \tau_{b})}{(1 - \tan \phi_{w} \cot \beta) \sin(2\beta)} \tag{5.10}$$

相应地，如图 5.4 所示，裂隙面的强度曲线由锚固前的 L_{1} 变为锚固后的 L_{2}，相当于把 L_{1} 向上平移了式（5.10）所示的单位数。岩体的强度曲线也由折线 ADE 变为了 BCE，从而增加了岩体的强度。

对式（5.10）关于 θ 求导，可得

$$\frac{\partial(\Delta \sigma_{cw})}{\partial \theta} = \frac{2(\sigma_{b} \sin \theta + \sigma_{b} \cos \theta \tan \phi_{w})}{(1 - \tan \phi_{w} \cot \beta) \sin(2\beta)} \tag{5.11}$$

令 $\dfrac{\partial(\Delta \sigma_{cw})}{\partial \theta} = 0$，得 $\theta = \pi - \phi_{w}$。当 $\theta < \pi - \phi_{w}$ 时，$\dfrac{\partial(\Delta \sigma_{cw})}{\partial \theta} > 0$，即随着锚固角 θ 的增大，裂隙面的单轴抗压强度的增加值逐渐增大。当 $\theta > \pi - \phi_{w}$ 时，$\dfrac{\partial(\Delta \sigma_{cw})}{\partial \theta} < 0$，即随着锚固角 θ 的增大，裂隙面的单轴抗压强度的增加值逐渐减小。所以，当 $\theta = \pi - \phi_{w}$ 时，单轴抗压强度的增加值取得最大值，即裂隙面的强度最大，沿此角度锚固锚杆，效果最好。

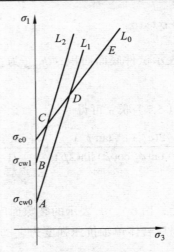

图 5.4　锚固裂隙后强度曲线的变化

若岩体沿着岩石破坏，则岩石破坏角为 $\dfrac{\pi}{4}+\dfrac{\phi_0}{2}$。将式（5.8）中的 c_w 替换为 c，ϕ_w 替换为 ϕ，β 替换为 $\dfrac{\pi}{4}+\dfrac{\phi_0}{2}$，不难推出，当 $\theta=\pi-\phi_0$ 时，即锚杆与最小主应力面的夹角 $\dfrac{3\phi_0}{2}-\dfrac{\pi}{4}$ 时，σ_1 取得最大值，即锚固后的岩石强度最大，锚固效果最好。

由以上分析可以看出，当岩体沿裂隙破坏时，保持锚杆的安装角度 θ 等于 $\pi-\phi_\mathrm{w}$，即锚杆与最小主应力面的夹角为 $\beta+\phi_\mathrm{w}-\pi/2$，可使锚固后裂隙面的强度达到最大值；当岩体沿岩石破坏时，锚杆与最小主应力面的夹角为 $\dfrac{3\phi_0}{2}-\dfrac{\pi}{4}$ 时，可使锚固后岩石的强度达到最大值。

5.3　含多条贯穿裂隙岩体的锚固优化方法

以上研究的是单裂隙岩体的锚固优化方法，在此基础上，可以得到含多条贯穿裂隙岩体的锚固优化方法，基本步骤为：首先把岩石和各裂隙的强度参数，包括岩石的黏聚力、内摩擦角和各裂隙的黏聚力、内摩擦角、倾斜角分别带入式（4.4）和式（4.5），求出各裂隙和岩石的强度曲线，根据各裂隙面强度曲线和岩石强度曲线的位置，即可判断在不同的围压下，岩体破坏面的位置。若沿着裂隙面破坏，则优先锚固强度最小的裂隙面，否则优先锚固岩石。为使岩体抗压强度最大，锚固裂隙时，应保持锚杆与强度最小的裂隙面所成角度为 $\pi - \phi_w^*$，即与最小主应力面的夹角为 $\beta + \phi_w^* - \pi/2$，其中 ϕ_w^* 为强度最小的裂隙面的摩擦角；锚固岩石时，应保持锚杆与最小主应力面的夹角为 $\dfrac{3\phi_0}{2} - \dfrac{\pi}{4}$。

5.4　本章小结

本章基于对 $\sigma_1 \text{-} \sigma_3$ 坐标面上岩块和裂隙面的莫尔-库仑强度曲线的位置进行比较的方法，研究了贯穿裂隙的锚固优化方法，主要结论有：

根据各裂隙和岩块的库仑强度曲线位置关系，为最大限度地利用岩体的强度，应注意施工过程中加卸载路径的选择，或在加卸载路径一定的情况下，确定合理的加固方式，优先加固强度较低的介质。

在贯穿裂隙岩体强度和破坏方式研究的基础上，提出了贯穿裂隙岩体锚杆锚固角度的优化设计方法，其步骤可概括为：首先根据裂隙面和岩石的强度参数，求出岩体强度曲线；然后根据最小主应力，确定裂隙岩体的强度，判断岩体是沿着裂隙面破坏还是沿着岩石剪切破坏，若沿着裂隙面破坏，则优先锚固强度最小的裂隙面，否则优先锚固岩石。为使岩体强度最大，锚固裂隙面时，保持锚杆与裂隙所成角度 θ 等于 $\pi - \phi_w^*$，即与最小主应力面的夹角为 $\beta + \phi_w^* - \pi/2$；锚固岩石时，应保持锚杆与最小主应力面的夹角为 $\dfrac{3\phi_0}{2} - \dfrac{\pi}{4}$。

与传统的莫尔应力圆方法相比，采用 $\sigma_1 \text{-} \sigma_3$ 坐标系下的莫尔-库仑强度线研究裂隙岩体的强度特性和破坏机制等问题，方法更简单，更有利于用数学分析的方法解决问题。

第 6 章　贯穿裂隙岩体峰后变形破坏特性的数值模拟

FLAC 3D 是美国 ITASCA 公司在 FLAC 基础上开发的三维数值分析软件[74]。本章通过室内试验得出的数据整理得出相关参数，完善符合实际的应变软化模型，最后在 ANSYS 中建立模型，利用工程软件 FLAC 3D 对室内试验进行数值模拟，对贯穿的裂隙面采用结构面的处理方式，将改进的裂隙岩体峰后应力应变关系编进 FISH 语言，对不同倾角的裂隙面影响裂隙岩体破坏模式和变形的特性进行数值分析，得出裂隙岩体峰后变形和破坏特性，进而与室内试验结果进行比较。具体如下：

一是建三维模型时加入裂隙面的单元，裂隙面倾斜角度的设置与室内试验相一致，并赋予黏聚力、摩擦角、法向刚度、切向刚度等各种力学参数，建立不同倾角裂隙岩体的模型。

二是利用第 5 章提出的裂隙岩体峰后应力-应变关系，将其写入计算程序中，对裂隙岩体峰后应变软化的趋势进行设置，进而得出不同倾角裂隙岩体的峰后破坏和变形规律，并得出不同倾角的贯穿裂隙试件峰后的应力-应变曲线。

6.1　贯穿裂隙岩体模型的建立

6.1.1　贯穿裂隙岩体模型

在 ANSYS 中建立和本书试验尺寸相一致的完整无裂隙面的圆柱体模型，在此基础上再建立含不同倾角（15°、30°、40°、50°、60°）的裂隙面的圆柱体裂隙岩体试件模型（图 6.1）。

对裂隙面的上下部分分别划分网格，将模型使用转化工具转化到 FLAC 3D 中去。在 FLAC 3D 中，将裂隙面的上下部分岩体分开并移动，添加结构面，最后将岩体上下部分合起来，即完成了含有裂隙面的裂隙岩体模型的建立（图 6.2）。

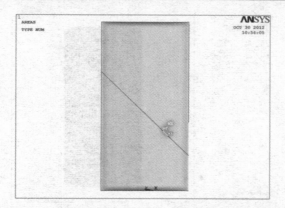

图 6.1　ANSYS 中建立不同倾角的裂隙岩体的三维模型

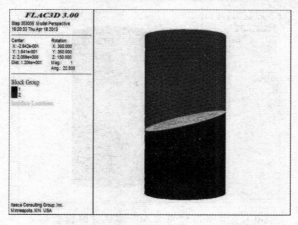

（a）贯穿裂隙倾角为 15° 的试件的模型建立

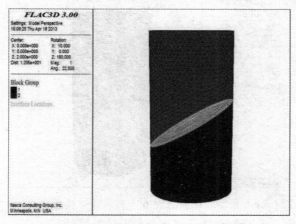

（b）贯穿裂隙倾角为 30° 的试件的模型建立

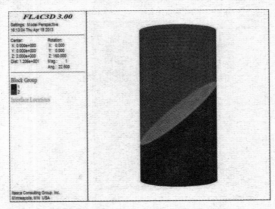

（c）贯穿裂隙倾角为 40° 的试件的模型建立

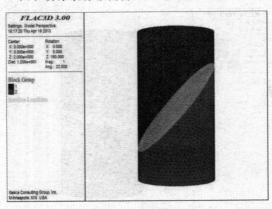

（d）贯穿裂隙倾角为 50° 的试件的模型建立

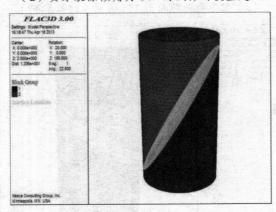

（e）贯穿裂隙倾角为 60° 的试件的模型建立

图 6.2　不同倾角贯穿裂隙岩体试件的模型建立

6.1.2　参数的设定

裂隙面切向刚度和方向刚度的计算[73-81]如下式：

$$k_n = k_s = 10 \max\left[\frac{K + 4G/3}{\Delta z_{min}}\right]$$

式中，K 是体积模量；G 是剪切模量；Δz_{min} 是接触面法向方向上连接区域上的最小尺寸。

体积模量：　　$K = \dfrac{E}{3(1-2\mu)}$

切变模量：　　$G = \dfrac{E}{2(1+\mu)}$

求得符合本书的体积模量一般为 9 GPa，切变模量 G 为 6 GPa，所以

$$k_n = k_s = 10 \times 17/0.07 = 2.5 \times 10^{12} \text{ Pa/m}$$

6.2　运用裂隙岩体峰后应力应变关系进行数值模拟

研究裂隙岩体的峰后特性，选择第 4 章提出的新型裂隙岩体的本构关系，根据第 2、3 章室内试验的结果对裂隙岩体峰后的黏聚力、摩擦角、剪胀角等参数的变化进行推算，得出不同倾角的裂隙岩体峰后的应变软化的规律性。

在 FLAC 3D 中具体的实现方式，本书选用 table 命令进行设置。把数据输入 Excel 表格中，依次用 table 命令进行调用，数据较少则可以直接在命令流中输入[223]，其具体的实现流程见图 6.3。

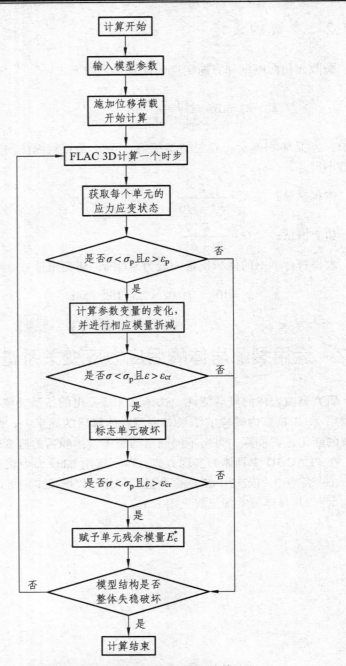

图 6.3   裂隙岩体加载破坏的数值模拟计算流程

　　岩石剪胀角可以通过三轴试验方法测定，测出岩样体积应变与第一主应变的变化曲线，求出直线斜率，进而得出剪胀角的数值[74, 224]（图 6.4）。

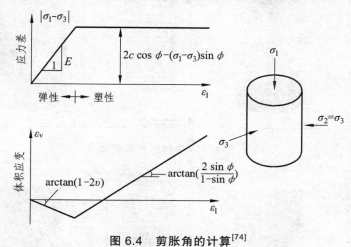

图 6.4　剪胀角的计算[74]

6.3　贯穿裂隙岩体峰后变形破坏特性的数值模拟结果

　　本节对不同裂隙倾角岩体的破坏及变形用 Plot 命令进行后处理显示，模拟裂隙倾角对裂隙岩体的破坏方式、变形、应力-应变曲线等的影响，并将模拟结果与室内试验结果相比较。

6.3.1　峰后的破坏形态及变形

　　不同倾角裂隙岩体破坏时的变形见图 6.5，从中比较可以看出裂隙岩体的裂隙倾角为 15° 和 30° 时，其破坏时候的变形特征明显地呈现出体积膨胀；而裂隙倾角为 50° 和 60° 时明显地表现出沿着裂隙面滑动的破坏形态，岩块并未产生体积膨胀的劈裂破坏特征；裂隙倾角为 40° 时则介于上述的破坏形态之间。数值计算得出的破坏形态与室内单轴试验观察的结果具有高度吻合性。

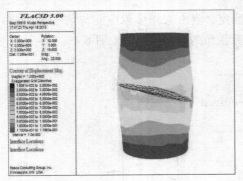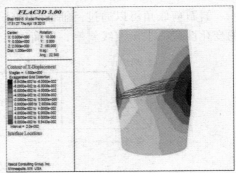

（a）倾角为 15° 裂隙岩体破坏形态

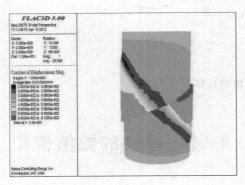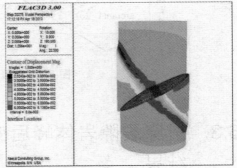

（b）倾角为 30° 裂隙岩体破坏形态

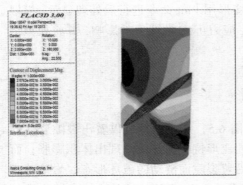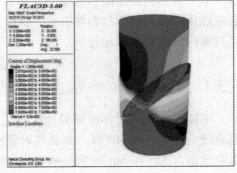

（c）倾角为 40° 裂隙岩体破坏形态

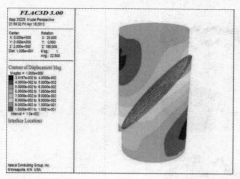

（d）倾角为 50° 裂隙岩体破坏形态

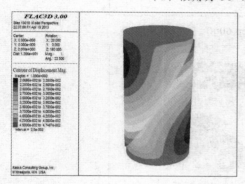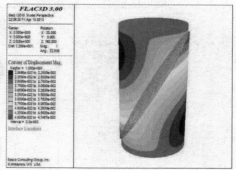

（e）倾角为 60° 裂隙岩体破坏形态

图 6.5　不同倾角的裂隙岩体试件的破坏变形

6.3.2　塑性破坏区域的演化过程

不同倾角裂隙岩体破坏过程中的塑性区的演化过程分别见图 6.6 ~ 图 6.10。

从中可以看出裂隙倾角为 30° 和 40° 时，试件塑性区开始从裂隙面产生，逐渐过渡到垂直于裂隙面产生剪切破坏，形成一条带状塑性区，30° 的裂隙岩体试件更加明显。

裂隙倾角为 50° 和 60° 时，试件塑性区开始从裂隙面产生，直至完全破坏都是沿着裂隙面区域的塑性区的剪切拉伸破坏。

裂隙倾角为 15° 时，裂隙面的影响较小，和完整试件的塑性区的演化过程较为相似。数值模拟的结果与室内试验观察的过程基本吻合。

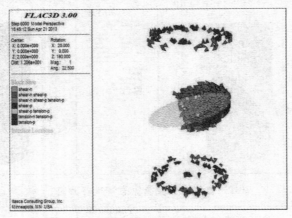

（a）Step 6000

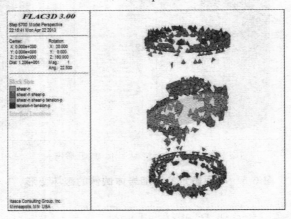

（b）Step 6700

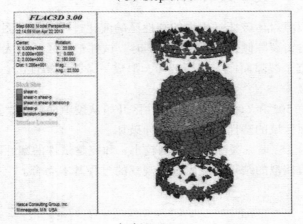

（c）Step 6800

（d）Step 7500

图 6.6　15° 倾角裂隙岩体压缩过程中塑性区演化过程图变化

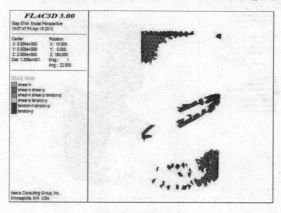

（a）Step 5700

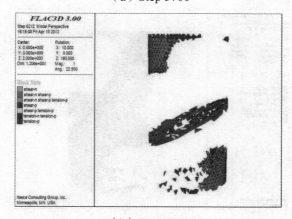

（b）Step 6200

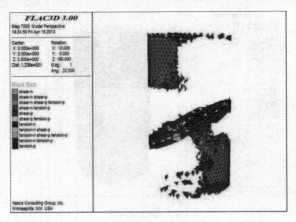

（c）Step 7000

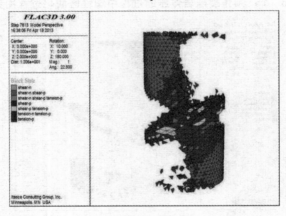

（d）Step 7800

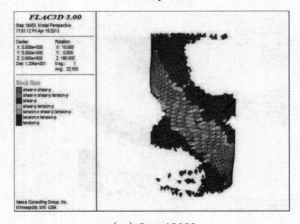

（e）Step 18000

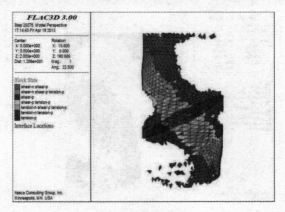

（f）Step 20200

图 6.7　30° 倾角裂隙岩体压缩过程中塑性区演化过程图变化

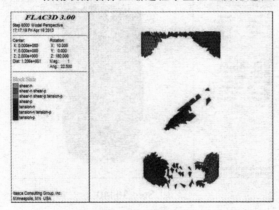

（a）Step 6000

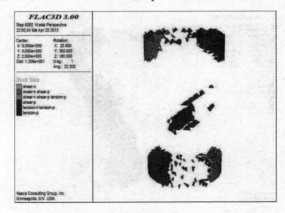

（b）Step 6050

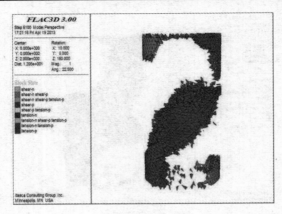

（c）Step 6100

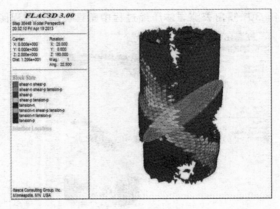

（d）Step 30440

图 6.8   40° 倾角裂隙岩体压缩过程中塑性区演化过程图变化

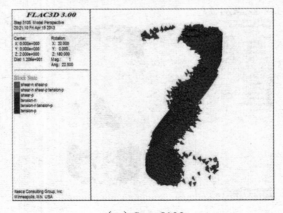

（a）Step 5100

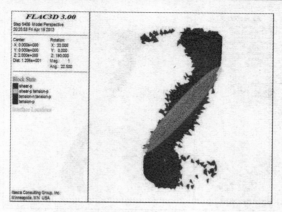

（b）Step 5400

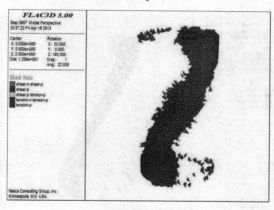

（c）Step 5800

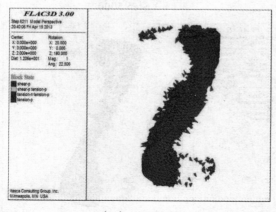

（d）Step 6200

图 6.9　50°倾角裂隙岩体压缩过程中塑性区演化过程图变化

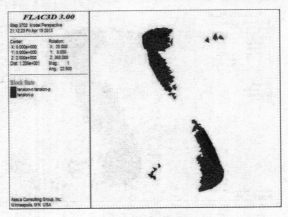

（a）Step 3700

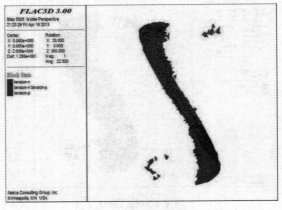

（b）Step 5000

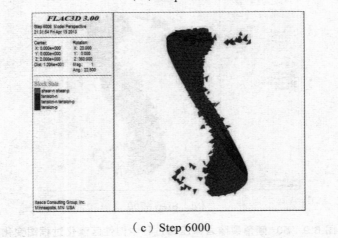

（c）Step 6000

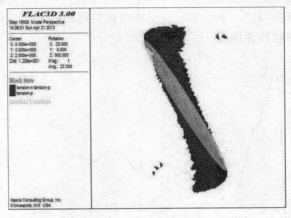

（d）Step 19500

图 6.10　60° 倾角裂隙岩体压缩过程中塑性区演化过程图变化

6.3.3　数值模拟得出的应力应变曲线与试验结果的比较

　　在 FLAC 3D 中分别对裂隙倾角为 15°、30°、40°、50°、60° 裂隙岩体进行单轴压缩和常规三轴压缩的数值计算，并对轴向应力轴向应变进行计算，得出裂隙岩体的全应力-应变曲线。部分倾角裂隙岩体破坏过程应力-应变曲线分别见图 6.11、图 6.12，其曲线的变化趋势与室内试验得出的曲线较为相似。

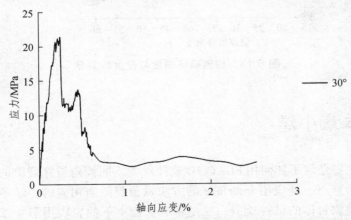

图 6.11　数值模拟得出的 30° 贯穿裂隙岩体的应力-应变曲线

　　对各个裂隙倾角的裂隙岩体的试件进行数值计算得到的峰值强度与室内单轴压缩试验得出的结果进行比较，其比较见图 6.13。从图中可以看出数值模拟的峰值强度值在 30°、40° 的时候比室内试验得出的稍小，但其随着裂隙倾角增大而减小的趋势相同。

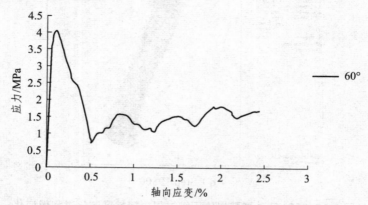

图 6.12　数值模拟得出的 60° 贯穿裂隙岩体的应力应变曲线

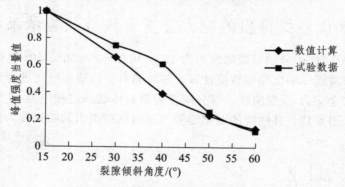

图 6.13　峰值破坏强度与角度的关系

6.4　本章小结

　　本章主要介绍了如何用 FLAC 3D 软件对含不同倾角贯穿裂隙的岩体进行数值分析计算。一是应用 interface 的方法赋予裂隙面相应的力学参数，建立不同倾角裂隙岩体的试件模型；二是将裂隙面上下的岩块用第 4 章建立的裂隙岩体应变软化应力-应变关系写入到程序中，对其峰后特性进行模拟，然后再进行分析计算，得出裂隙岩体单轴压缩和准三轴压缩的数值运算结果。主要结论如下：

（1）运用 interface 建立的裂隙岩体进行数值模拟的结果和试验中得出的不同倾角的裂隙岩体的破坏规律基本一致。裂隙倾角为 15° 的裂隙岩体破坏时，裂隙的影响很小；裂隙倾角为 50°、60° 时，岩体很快就沿着裂隙面滑动破坏。用数值模拟的手段对含贯穿裂隙岩体的塑性区破坏过程进行了演绎和动态再现。

（2）运用第 4 章建立的裂隙岩体峰后应力-应变关系，写入 FLAC 3D 程序来实现对裂隙岩体峰后性质的研究，得出应力-应变曲线，将数值分析得出的结果与试验分析以及理论推导出的结果进行比较，具有很高的相似性，说明数值分析的可行性，也从一方面验证了第 4 章建立新的裂隙岩体峰后应变软化模型的合理性和可操作性。

第 7 章 裂隙岩体开挖的洞室围岩与 支护作用机理研究

7.1 模型及其分析

二次应力都以岩体为连续、均质、各向同性的介质等假设条件作为基础，而这些假设条件并不是在任何情况下都可以应用的。例如，当开挖的洞室处在层状岩体中时，就与这些假设条件有着很大的差别。裂隙岩体是由结构面和结构体组成的不连续结构。岩体破坏的结构控制指岩体破坏由岩体的结构面控制，岩体破坏强度与结构面的几何分布、材料性质密切相关。岩体破坏的应力控制指岩体的破坏机理与完整岩石基本相同，主要受岩石材料性质控制，结构面的控制作用消失。在岩体破坏行为的控制方面，很多学者都进行过深入的研究[225-231]。其中孙广忠提出的岩体结构控制论[230, 231]影响较大，认为岩体是在结构面控制下形成的不连续结构，岩体结构控制着岩体变形、破坏及其力学性质，岩体结构对岩体力学的控制作用远远大于岩石材料的控制作用，这一理论得到了国内外同行专家的广泛赞同和支持，在工程地质及岩体工程实践中已被广泛应用，在许多重大工程实践中产生了巨大的经济效益和明显的社会效益。但最近随着深部工程的开挖，人们发现在深部高地应力条件下，岩体经常沿着岩石剪切破坏，而不一定沿着结构面破坏，结构面的控制作用弱化或消失，应力控制作用和结构-应力协同控制作用显著，即由于深度的增加，岩体的力学行为由结构控制转化为由应力控制。怎样解释这一现象，尤其是从数学上怎样进行论证说明，目前这方面的研究还很少见到。下面通过建立力学模型，揭示岩体开挖中，岩体破坏行为的结构控制与应力控制的转换机理，给出岩体开挖中由结构控制转换为应力控制的临界初始应力的解析解。

因为实际工程中，岩体通常含有多个结构面，所以下面通过研究含有多个结构面的岩体力学行为，来揭示岩体开挖过程中，岩体力学行为的结构控制与应力控制的转换机制。如图 7.1 所示，假设洞室围岩含有多个随机分布的结构面，初始应力为 σ_0，侧压力系数等于 1；在开挖过程中，围岩的径向应力为 σ_r，切向应力为 σ_θ，围岩所受内压为 p_i，洞室的半径为 R_0，灰色区域为塑性区，因为岩石比较脆，所以认为塑性区就是破坏区；岩块的黏聚力和摩擦角分别为 c_0 和 ϕ_0，各结构面的黏聚力 c_w、摩擦角 ϕ_w 均相等。

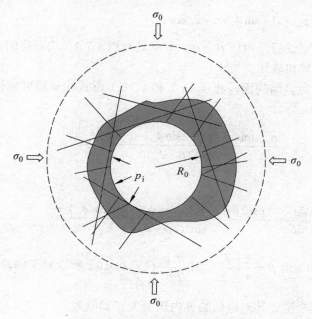

图 7.1　洞室围岩力学模型

因为在开挖过程中，围岩的径向应力 σ_r 为最小主应力，切向应力 σ_θ 为最大主应力。假设岩体破坏时，服从 Mohr-Coulomb 破坏准则，由第 4 章的内容可得当结构面与单元体径向应力的夹角为 β 时，该结构面的强度为

$$\sigma_\theta = \frac{2c_w \cos\phi_w + [\sin(2\beta - \phi_w) + \sin\phi_w]\sigma_r}{\sin(2\beta - \phi_w) - \sin\phi_w} \tag{7.1}$$

当 $\beta = \dfrac{\pi}{4} + \dfrac{\phi_w}{2}$ 时，结构面的强度最弱。而岩块的强度则为

$$\sigma_\theta = \frac{1 + \sin\phi_0}{1 - \sin\phi_0}\sigma_r + \frac{2c_0 \cos\phi_0}{1 - \sin\phi_0} \tag{7.2}$$

在开挖过程中，围岩破坏与否是由岩体的强度参数和初始应力场决定的，要使围岩出现破坏区，内压 p_i 应低于某个临界值 p_{ic}[186]，下面分别求岩块和结构面破坏时的临界内压 p_{ic}。对于岩块，在破坏区与弹性区的交界面上满足

$$\sigma_\theta + \sigma_r = 2\sigma_0 \tag{7.3}$$

　　将（7.2）和（7.3）两式联立即可求得破坏区与弹性区的交界面上的径向应力 σ_r，该径向应力即为岩块破坏的临界内压 p_{ic}，其值为

$$p_{ic} = (1 - \sin\phi_0)\sigma_0 - c_0\cos\phi_0 \qquad （7.4）$$

　　因为开挖完成后，内压 $p_i = 0$，所以只有当（7.4）式对应的 $p_{ic} > 0$ 时，围岩才会沿岩块剪切破坏。

　　对于倾角为 β 结构面，将（7.1）和（7.3）两式联立即可求得结构面破坏的临界内压为

$$p_{ic} = \frac{\sigma_0[\sin(2\beta - \phi_w) - \sin\phi_w] - c_w\cos\phi_w}{\sin(2\beta - \phi_w)} \qquad （7.5）$$

对（7.5）式求导得

$$\frac{\partial p_{ic}}{\partial \beta} = \frac{\cos(2\beta - \phi_w)(2\sigma_0\sin\phi_w + 2c_w\cos\phi_w)}{\sin^2(2\beta - \phi_w)} \qquad （7.6）$$

令 $\dfrac{\partial p_{ic}}{\partial \beta} = 0$，得 $\beta = \dfrac{\pi}{4} + \dfrac{\phi_w}{2}$，且 $\left.\dfrac{\partial^2 p_{ic}}{\partial \beta^2}\right|_{\beta = \frac{\pi}{4} + \frac{\phi_w}{2}} < 0$，所以对于倾角为 $\beta = \dfrac{\pi}{4} + \dfrac{\phi_w}{2}$ 的最弱结构面来说，其对应的临界内压最大，其值为

$$p_{ic} = (1 - \sin\phi_w)\sigma_0 - c_w\cos\phi_w \qquad （7.7）$$

　　同理，只有当（7.5）式对应的 $p_{ic} > 0$ 时，围岩才会沿结构面破坏。

　　由（7.4）、（7.5）和（7.7）三式不难看出，岩块和结构面的临界内压都是初始应力 σ_0 的线性函数。因为洞室周围的结构面分布是随机的，所以为了使问题简化，我们不妨设在洞室围岩中，存在倾角为 $\beta = \dfrac{\pi}{4} + \dfrac{\phi_w}{2}$ 的结构面（若不存在也不影响问题的结论，只是论证较烦琐）。因为结构面的黏聚力 c_w 比岩块的黏聚力 c_0 一般小得多，且由于腐蚀作用，结构面的摩擦角 ϕ_w 一般小于岩块的摩擦角 ϕ_0，所以（7.4）、（7.7）两直线的位置关系应为图 7.2 所示。

　　其中，l_1 为岩块的 $p_{ic} - \sigma_0$ 曲线，l_2 为倾角 $\beta = \dfrac{\pi}{4} + \dfrac{\phi_w}{2}$ 的最弱结构面的 $p_{ic} - \sigma_0$ 曲线，σ_{02} 为 l_1 与横轴的交点对应的初始应力，其值为

$$\sigma_{02} = \frac{c_0\cos\phi_0}{1 - \sin\phi_0} \qquad （7.8）$$

σ_{03} 为 l_2 与横轴的交点对应的初始应力，其值为

$$\sigma_{03} = \frac{c_{\mathrm{w}} \cos \phi_{\mathrm{w}}}{1 - \sin \phi_{\mathrm{w}}} \tag{7.9}$$

σ_{01} 为 l_1 与 l_2 的交点对应的初始应力，其值为

$$\sigma_{01} = \frac{c_{\mathrm{w}} \cos \phi_{\mathrm{w}} - c_0 \cos \phi_0}{\sin \phi_0 - \sin \phi_{\mathrm{w}}} < 0 \tag{7.10}$$

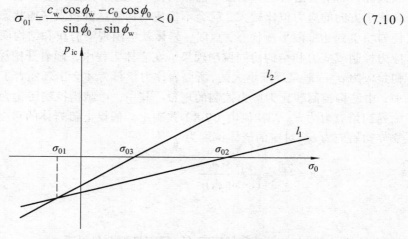

图 7.2　岩块和结构面的 p_{ic}-σ_0 曲线位置关系

不难发现，σ_{01}、σ_{02} 和 σ_{03} 的值由岩块和结构面的黏聚力和摩擦角确定。从图 7.2 可以看出，当 $\sigma_0 \leqslant \sigma_{03}$ 时，岩块和结构面的临界内压 p_{ic} 都小于零，所以在开挖过程中，岩体不会破坏。而当 $\sigma_{03} < \sigma_0 \leqslant \sigma_{02}$ 时，结构面的临界内压 p_{ic} 大于零，而岩块的临界内压 p_{ic} 小于零，所以在开挖过程中，围岩将沿着结构面破坏。当 $\sigma_0 > \sigma_{02}$ 时，岩块和结构面的临界内压 p_{ic} 都大于零，所以在开挖过程中，围岩将沿着结构面和岩块同时破坏，结构面的控制作用弱化或消失。在浅部岩体中，初始应力 σ_0 一般较小，若 $\sigma_0 \leqslant \sigma_{03}$，则围岩不会破坏，其变形处于弹性状态。若 $\sigma_{03} < \sigma_0 \leqslant \sigma_{02}$，则围岩将沿结构面破坏，围岩的力学行为由结构控制。而在深部岩体中，初始应力 σ_0 很大，当其大于 σ_{02} 时，岩体将沿着岩块和结构面同时破坏，而不一定沿着结构面破坏，结构面的控制作用消失，即围岩的力学行为由应力控制。一般情况下，随着深度的增加，初始应力 σ_0 逐渐增大，由小于 σ_{02} 逐渐转化为大于 σ_{02}，所以才会出现随着深度的增加，洞室围岩的力学行为由结构控制逐渐转化为由应力控制这一现象。

由以上分析不难看出，岩块的强度参数与结构面的强度参数的差异，即岩块黏聚力、摩擦角分别大于结构面的黏聚力、摩擦角，使得岩块的强度大于结构面的强度，是岩体力学行为随着初始应力的增加由结构控制转化为应力控制的根本原因。事实上，在对岩体开挖时，围岩的径向应力突然下降到很小，使

其由三向受力变为近似双向受力，从而使得岩块和结构面的强度突然降低。若初始应力比较小，则其余两个方向的应力也比较小，该应力虽不会使岩块达到极限平衡状态，但可使结构面达到极限平衡状态，这时就会出现岩体只沿结构面破坏，而不会沿岩块剪切破坏的结构控制现象。而如果初始应力较大，则其余两个方向的应力也比较大，就会不仅使结构面达到极限平衡状态，而且还会使岩块也到达极限平衡状态，这时，岩体就会出现沿岩块和结构面同时破坏的应力控制或应力和结构协同控制现象。在岩体工程中，随着开挖深度的增加，初始应力 σ_0 一般是逐渐增大的，所以岩体力学行为才会出现随着工程深度的增加，由结构控制转化为应力控制的现象。其中，由结构控制转化为应力控制的临界初始应力为 σ_{02}，其值由（7.8）式确定。假设上覆岩体的重度为 γ，则与临界初始应力 σ_{02} 对应的岩体深度为

$$h = \frac{\sigma_{02}}{\gamma} = \frac{c_0 \cos \phi_0}{(1 - \sin \phi_0)\gamma} \tag{7.11}$$

7.2　围岩与支护相互作用机理分析

隧道围岩与支护的共同作用，与围岩状态是密切相关的。一般开巷后应及时进行支护，但由于它在时间上的滞后性和支护与围岩间存在一定量的"自然间隙"，因此，它对围岩的弹塑性扩容变形起不到实质上的支护作用。岩石试件试验结果证实峰值前（弹塑性阶段）岩石体积应变处于压缩状态，峰值点基本为其转折点。围岩破裂将使巷道稳定性降低，围岩破裂范围越大，围岩稳定性越差，但地下工程与地面结构不同，围岩破裂并不意味围岩失稳。是否失稳取决于力能否平衡，围岩破裂意味着围岩处于峰值后岩石弱化或残余强度段状态（此时围岩应力值很小），而且破裂围岩仍然具有一定的承载能力。认清这点有利于在客观的基础上研究支护问题。

通过试验得到：围压越大，残余强度越大，则破裂围岩承载能力也越大。巷道主要支护对象是围岩的破裂膨胀及破裂后岩石块体非连续变形。巷道周边附近围岩松动圈（断裂带）的切向应力等价于岩石试件的残余强度，径向应力等价于岩石试件所受围压，也可以说破裂岩体所受的支护阻力。有效地利用围岩的自承力，且保证围岩不发生松动破坏，一个可行的办法就是使巷道支护向围岩提供一定的阻力，使围岩在承受一定阻力时有限制地向巷道空间内变形。

图 7.3 为典型的洞室围岩与支护结构共同作用的关系曲线，图中 p 为支护

力，u 为围岩变形；曲线 $a'b'c'd'$ 是典型隧道围岩的开挖过程的特征曲线，开挖后，围岩应力急剧减小，后趋于平稳，变形逐渐增大；直线 aa'，bb'，cc' 和 dd' 表示支护结构的特征曲线，施加支护后，支护结构的抗力近似按线弹性增加。分析 aa'，bb'，cc' 和 dd' 曲线，可见支护结构的施作时间是围岩和支护结构受力的重要影响因素之一，适当延后支护结构的施工时间可以充分发挥围岩的自承能力，有效降低支护结构的受力；而施工不及时会导致围岩的变形显著增加，产生安全隐患；比较 bb' 和 bc' 曲线可知支护刚度也会影响相互作用的因素，在同等工况下，选择支护刚度较低的柔性支护可以更大程度地发挥围岩的自承能力。

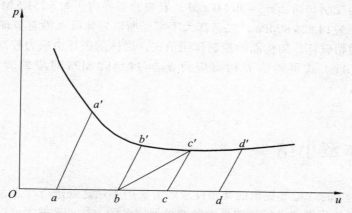

图 7.3　典型围岩与支护结构相互作用的关系曲线

因此将峰后非连续体变形控制在残余强度的初始阶段，能以相对较低的支护阻力有效控制过高的破裂膨胀变形发生，保证隧道围岩的稳定。

7.3　算　例

假设某一岩体内含随机分布的节理，所有节理的黏聚力均为 0.2 MPa，摩擦角均为 30°，岩块的黏聚力、摩擦角分别为 10 MPa 和 45°。岩体的重度为 25 kN/m³，下面说明该岩体试块在低围压下沿节理破坏，在高围压下沿岩块剪切破坏，并给出该岩体试块由结构控制转化为应力控制的临界初始应力。

将岩块的黏聚力和摩擦角代入（7.4）式得岩块的临界内压为

$$p_{ic} = 0.292\,9\sigma_0 - 3.535\,5$$

（7.12）

将节理的黏聚力和摩擦角代入（7.8）式得节理的临界内压为

$$p_{ic} = 0.5\sigma_0 - 0.173\,2 \tag{7.13}$$

将岩块的黏聚力和内摩擦角代入（7.8）式得由结构控制转化为应力控制的临界初始应力 $\sigma_{02} = 24.141\,3$ MPa。即当初始应力 $\sigma_0 < 24.141\,3$ MPa 时，岩体只会沿节理破坏，岩体的破坏由结构控制；当 $\sigma_0 > 24.141\,3$ MPa 时，岩体即可沿着节理破坏也可沿着岩体破坏，结构面的控制作用消失，岩体的破坏由应力控制。例如当 $\sigma_0 = 10$ MPa 时，岩块的临界内压为 $-0.606\,5$ MPa（小于零），而节理的临界内压为 $4.826\,8$ MPa（大于零），所以，岩体只会沿节理破坏，岩体的破坏由结构控制。而当 $\sigma_0 = 30$ MPa 时，岩块的临界内压为 $5.251\,5$ MPa，节理的临界内压为 $14.826\,8$ MPa，二者都大于零，所以岩体既可沿着节理破坏也可沿着岩块剪切破坏，结构面的控制作用消失，岩体的破坏由应力控制。

由（7.11）式可得临界初始应力 $\sigma_{02} = 24.141\,3$ MPa 对应的岩体深度为 $h = 965.7$ m。

7.4　本章小结

通过对 Lee YK 等提出的弹塑性求解方法的不足之处进行改进，给出了一个基于应变软化模型进行弹塑性求解的更加完备的方法，该方法可以考虑弹塑性耦合，步骤更加简单。

用解析的方法给出了岩块和结构面破坏时的临界内压解析式，在此基础上得出：岩块和结构面强度参数的差异，即岩块黏聚力、摩擦角分别大于结构面的黏聚力、摩擦角，是岩体开挖中围岩力学行为随着初始应力的增大由结构控制转化为应力控制的根本原因，从而揭示了随着工程开挖深度的增加，围岩力学行为由结构控制转化为应力控制的机理。给出了岩体破坏行为由结构控制转化为应力控制的临界初始应力的解析解。

参考文献

[1] 何满潮，钱七虎. 深部岩体力学基础[M]. 北京：科学出版社，2010.

[2] BRADY B H G，BROWN E T. Rock Mechanics for Underground Mining [M]. New York，Boston，Dordrecht，London，Moscow：Kluwer Academic Publishers，2005.

[3] 唐春安. 岩石破裂过程中的灾变[M]. 北京：煤炭工业出版社，1993：111-130.

[4] 卢允德，葛修润，蒋宇. 大理岩常规三轴压缩全过程试验和本构方程的研究. 岩石力学与工程学报，2004，23（15）：2489-2493.

[5] 王学滨，海龙，黄梅. 岩样单轴拉伸破坏不均匀性分析：第一部分：基本理论[J]. 岩石力学与工程学报，2004，23（9）：1446-1449.

[6] PREVOST J H，HUGHES T J R. Finite Element Solution of Elastic-plastic Boundary Value Problems[J]. Journal of Applied Mechanics，1984，48（1）：69-74.

[7] 王水林，王威，吴振君. 岩土材料峰值后区强度参数演化与应力-应变曲线关系研究[J]. 岩石力学与工程学报，2010，29（8）：1524-1529.

[8] 蒋明镜，沈珠江. 考虑剪胀的线性软化柱形孔扩张问题[J]. 岩石力学与工程学报，1997，16（6）：550-557.

[9] 郑宏，葛修润，李焯芬. 脆塑性岩体的分析原理及其应用[J]. 岩石力学与工程学报，1997，16（1）：8-21.

[10] HOEK E，BROWN E T. Practical Estimates of Rock Mass Strength[J]. International Journal of Rock Mechanics and Mining Sciences，1997，34（8）：1165-1186.

[11] 张春会，赵全胜，黄鹏，等. 考虑围压影响的岩石峰后应变软化力学模型[J]. 岩土力学，2010，31（S2）：193-197.

[12] RINALDI A，PERALTA P，KRAJCINOVIC D. Prediction of Scatter in Fatigue Properties Using Discrete Damage Mechanics[J]. International

Journal of Fatigue，2006，28（9）：1069 1080.

[13] FANG Z，HARRISON J P. A Mechanical Degradation Index for Rock[J]. International Journal of Rock Mechanics and Mining Sciences，2001，38（8）：1193-1199.

[14] JAEGER J C，N J W. Fundamentals of Rock Mechanics[M]. 4th ed. London：Chapmen and Hall，2007.

[15] 唐辉明，张宜虎，孙云志. 岩体等效变形参数研究[J]. 中国地质大学学报：地球科学，2007，32（3）：389-396.

[16] 晏石林，黄玉盈，陈传尧. 贯通节理岩体等效模型与弹性参数确定[J]. 华中科技大学学报，2001，29（6）：60-63.

[17] KULATILAKE P H S W，BWALYA MALAMA，WANG JIALAI. Physical and Particle Flow Modeling of Jointed Rock Block Behavior Under Uniaxial Loading.[J]. International Journal of Rock Mechanics and Mining Sciences，2001，38（5）：641-657.

[18] 李树忱，冯现大，李术才，等. 深部岩体分区破裂化现象数值模拟[J]. 岩石力学与工程学报，2011（7）：1338-1344.

[19] 谢和平，彭瑞东，鞠杨. 岩石变形破坏过程中的能量耗散分析[J]. 岩石力学与工程学报，2004，23（21）：3565-3570.

[20] 喻勇，张宗贤，俞洁，等. 岩石直接拉伸破坏中的能量耗散及破坏特征[J]. 岩石力学与工程学报，1998，17（4）：386-392.

[21] 朱维申，李术才，程峰. 能量耗散模型在大型地下洞群施工顺序优化分析中的应用[J]. 岩土工程学报，2001，23（3）：333-336.

[22] 尤明庆，华安增. 岩石试样破坏过程的能量分析[J]. 岩石力学与工程学报，2002，21（6）：778-781.

[23] 金丰年，蒋美蓉，高小玲. 基于能量耗散定义破坏变量的方法[J]. 岩石力学与工程学报，2004，23（12）：1976-1980.

[24] 余寿文，冯西桥. 破坏力学[M]. 北京：清华大学出版社，1997.

[25] 谢和平，鞠杨，黎立云. 基于能量耗散与释放原理的岩石强度与整体破坏准则[J]. 岩石力学与工程学报，2005，24（17）：3003-3010.

[26] 谢和平，彭瑞东，鞠杨，等. 岩石破坏的能量分析初探[J]. 岩石力学与工程学报，2005，24（15）：2603-2608.

[27] 尤明庆，华安增. 岩石试样破坏过程的能量分析[J]. 岩石力学与工程学

报，2002，21（6）：778-781.

[28] 李夕兵，左宇军，马春德. 动静组合加载下岩石破坏的应变能密度准则及突变理论分析[J]. 岩石力学与工程学报，2005，24（16）：2814-2824.

[29] 李树忱，李术才. 断续节理岩体破坏过程的数值方法及工程应用[M]. 北京：科学出版社，2007.

[30] 朱维申，周奎，余大军，王利戈，马庆松.脆性裂隙围岩的损伤力学分析及现场监测研究[J].岩石力学与工程学报，2010，（10）：1963-1969.

[31] 易顺民.朱珍德.裂隙岩体损伤力学导论[M]. 北京：科学出版社，2005.

[32] ZHOU WEIYUAN，LIU YUANGAO，ZHAO JIDONG. Multi-potential Based Discontinuous Bifurcation Model for Jointed Rock Masses and Its Application[J]. Computer Methods in Applied Mechanics and Engineering，2003，192（33/34）：3569-3584.

[33] MAHENDRA SINGH，BHAWANI SINGH. High Lateral Strain Ratio in Jointed Rock Masses. Engineering Geology，2008，98（3/4）：75-85.

[34] 曹文贵，赵明华，田政海. 岩石变形破坏全过程的概率损伤方法研究[J]. 湖南科技大学学报：自然科学版，2004，（10）：21-24.

[35] 孙广忠. 岩体结构力学[M]. 北京：科学出版社，1988.

[36] 刘锦华，吕祖珩. 块体理论在工程岩体稳定分析中的应用[M]. 北京：水利电力出版社，1986.

[37] 郑颖人，沈珠江，龚晓南. 岩土塑性力学原理[M]. 北京：中国建筑工业出版社，2002.

[38] 陶振宇，潘别桐. 岩石力学原理与方法[M]. 武汉：中国地质大学出版社，1990.

[39] 张志刚. 节理岩体强度确定方法及其各向异性特征研究[D]. 北京：北京交通大学，2007.

[40] 杨圣奇. 裂隙岩石力学特性研究及时间效应分析[M]. 北京：科学出版社，2011.

[41] 朱维申，何满潮，复杂条件下围岩稳定性与岩体动态施工力学[M]. 北京：科学出版社，1995.

[42] PRUDENCIO M，VAN SINT JAN M. Strength and Failure Modes of Rock Mass Models with Non-persistent Joints[J]. International Journal of Rock Mechanics and Mining Sciences，2007，44（6）：890-902.

[43] YANG Z Y，CHEN J M，HUANG T H. Effect of Joint Sets on the Strength and Deformation of [J]. International Journal of Rock Mechanics and Mining Sciences，1998，35（1）：75-84.

[44] KULATILAKE P H S W，HE W，UM J，WANG H. A Physical Model Study of Jointed Rock Mass Strength Under Uniaxial Compressive Loading[J]. International Journal of Rock Mechanics and Mining Sciences，1997，34（3/4）：165，e1-165，e15.

[45] 陈新，廖志红，李德建. 节理倾角及连通率对岩体强度、变形影响的单轴压缩试验研究[J]. 岩石力学与工程学报，2011，（4）：781-789.

[46] 夏才初，李宏哲，刘胜. 含节理岩石试件的卸荷变形特性研究[J]. 岩石力学与工程学报，2010，（4）：697-704.

[47] 李宏哲，夏才初，王晓东，周济芳，张春生. 含节理大理岩变形和强度特性的试验研究[J]. 岩石力学与工程学报，2008（10）：2118-2123.

[48] 肖桃李，李新平，贾善坡. 深部单裂隙岩体结构面效应的三轴试验研究与力学分析[J]. 岩石力学与工程学报，2012，31（8）：1666-1673.

[49] 尤明庆. 岩样三轴压缩的破坏形式和 Coulomb 强度准则[J]. 地质力学学报，2002，8（2）：179-185.

[50] 尤明庆. 岩石试样的杨氏模量与围压的关系[J]. 岩石力学与工程学报，2003，22（1）：53-60.

[51] YANG S Q，DAI Y H，HAN L J，JIN Z Q. Experimental Study on Mechanical Behavior of Brittle Marble Samples Containing Different Flaws under Uniaxial Compression[J]. Engineering Fracture Mechanics，2009，76（12）：1833-1845.

[52] MAHENDRA SINGH，K SESHAGIRI RAO. Empirical Methods to Estimate the Strength of Jointed Rock Masses[J]. Engineering Geology，2005，77（1/2）：127-137.

[53] RAJENDRA P TIWARI，K SESHAGIRI RAO. Post Failure Behaviour of a Rock Mass Under the Influence of Triaxial and True Triaxial Confinement[J]. Engineering Geology，2006，84（3/4）：112-129.

[54] SHUANGJIAN NIU，HONGWEN JING，KUN HU，DAFANG YANG. Numerical Investigation on the Sensitivity of Jointed Rock Mass Strength to Various Factors[J]. Mining Science and Technology（China），2010，20（4）：

530-534.

[55] HUDSON J A, JOHN P. Harrison. Engineering Rock Mechanics[M]. London: Elsevier Science Ltd, 2000.

[56] 黄达. 大型地下洞室开挖围岩卸荷变形机理及其稳定性研究[D]. 成都: 成都理工大学, 2007.

[57] RUMMEL F, FAIRHURST C. Determination of the Post-failure Behavior of Brittle Rock Using a Servo-controlled Testing Machine[J]. Rock mechanics, 1970, 2（4）: 189-204.

[58] PETUKHOV I M, LINKOV A M. The Theory of Post-failure Deformations and the Problem of Stability in Rock Mechanics[J]. International Journal of Rock Mechanics and Mining Sciences & Geomechanics Abstracts, 1979, 16（2）: 57-76.

[59] 黄达, 黄润秋. 卸荷条件下裂隙岩体变形破坏及裂纹扩展演化的物理模型试验[J]. 岩石力学与工程学报, 2010, 29（3）: 502-512.

[60] 周火明, 杨宇, 张宜虎, 等. 多裂纹岩石单轴压缩渐进破坏过程精细测试[J]. 岩石力学与工程学报, 2010, 29（3）: 465-470.

[61] 申林方, 冯夏庭, 潘鹏志, 等. 单裂隙花岗岩在应力-渗流-化学耦合作用下的试验研究[J]. 岩石力学与工程学报, 2010, 29（7）: 1.

[62] 潘鹏志, 冯夏庭, 申林方, 等. 裂隙花岗岩各向异性蠕变特性研究[J]. 岩石力学与工程学报, 2011, 30（1）: 36-44.

[63] 熊祥斌, 李博, 等. 剪切条件下单裂缝渗流机制试验及三维数值分析研究[J]. 岩石力学与工程学报, 2010, 29（11）: 2230-2238.

[64] 陈兴周, 李建林, 朱岳明. 单裂隙卸荷岩体力学特性分析[J]. 水力发电, 2006, 32（10）: 35-37.

[65] 强辉, 周华强, 常庆粮. 岩石峰值强度前后相关力学特性的回归分析[J]. 江西煤炭科技, 2006（2）: 48-50.

[66] 张长科, 李林峰. 岩石峰值应力后扩容与围压的关系[J]. 有色金属, 2009, 61（4）: 134-137.

[67] 杨圣奇, 苏承东, 徐卫亚. 大理岩常规三轴压缩下强度和变形特性的试验研究[J]. 岩土力学, 2005, 26（3）: 475-478.

[68] 杨永杰, 宋扬, 陈绍杰. 三轴压缩煤岩强度及变形特征的试验研究[J]. 煤炭学报, 2006, 31（2）: 150-153.

[69] 韩建新，李术才，李树忱，等. 多组贯穿裂隙岩体变形特性研究[J]. 岩石力学与工程学报，2011（S1）：3320-3325.

[70] HAJIABDOLMAJIDA V, KAISERA P K, MARTIN C D. Modelling Brittle Failure of Rock[J]. International Journal of Rock Mechanics and Mining Sciences, 2002, 39（6）: 731-741.

[71] 李树忱，汪雷，李术才，韩建新. 不同倾角贯穿节理类岩石试件峰后的变形破坏试验研究[J]. 岩石力学与工程学报，2013，32（S2）.

[72] 焦玉勇，张秀丽，李廷春. 模拟节理岩体破坏全过程的 DDARF 方法[M]. 北京：科学出版社，2010.

[73] 陈育民，徐鼎平. FLAC/FLAC 3D 基础与工程实例[M]. 北京：中国水利水电出版社，2009.

[74] 彭文斌. FLAC 3D 实用教程[M]. 北京：机械工业出版社，2011.

[75] 孙倩，李树忱，冯现大，李文婷，袁超. 基于应变能密度理论的岩石破裂数值模拟方法研究[J]. 岩土力学，2011（5）：1575-1582.

[76] 李宁，张志强，张平，等. 裂隙岩样力学特性细观数值试验方法探讨[J]. 岩石力学与工程学报，2008，27（S1）：2848-2854.

[77] 周科峰，李宇峙，柳群义. 层状岩体强度结构面特征的数值分析. 中南大学学报：自然科学版，2012，43（4）：1424-1428.

[78] 张强勇，李术才，焦玉勇. 岩体数值分析方法与地质力学模型试验原理及工程应用[M]. 北京：中国水利水电出版社，2005.

[79] 周文，朱自强，柳群义，等. 复杂节理面剪切强度和变形特征的数值分析[J]. 中南大学学报，2009，40（6）：1700-1704.

[80] 方恩权，蔡永昌，朱合华. 单轴压缩岩石不同边界裂纹扩展数值模拟研究[J]. 地下空间与工程学报，2009（2）：100-104.

[81] 王元汉，苗雨，李银平. 预制裂纹岩石压剪试验的数值模拟分析[J]. 岩石力学与工程学报，2004，23（18）：3113-3116.

[82] 范文，俞茂宏，李同录，等. 层状岩体边坡变形破坏模式及滑坡稳定性数值分析[J]. 岩石力学与工程学报，2000，19（S1）：983-986.

[83] HASHASH YMA, HOOK JJ, Schmidt B, et al. Seismic Design and Analysis of Underground Structures[J]. Tunneling and Underground Space Technology, 2001, 16: 247-293.

[84] LI SC, WANG MB. An Elastic Stress-displacement Solution for a Lined

Tunnel at Great Depth. International Journal of Rock Mechanics and Mining Sciences, 2008, 45: 486-494.

[85] Li SC, Wang MB. Elastic Analysis of Stress-displacement Field for a Lined Circular Tunnel at Great Depth Due to Ground Loads and Internal Pressure[J]. Tunnelling and Underground Space Technology, 2008, 23: 609-617.

[86] YU YY, MO SL. Gravitational Stresses on Deep Tunnels[J]. Journal of Applied Mechanics, 1952; 19: 537-542.

[87] POULOS HG, DAVIS EH. Elastic Solutions for Soil and Rock Mechanics. John Wiley & Sons, Inc, New York, 1974.

[88] PENDER MJ. Elastic Solutions for a Deep Circular Tunnel. Geotechnique, 1980, 30: 216-222.

[89] SAGASETA C. Analysis of Undrained Soil Deformation Due to Ground Loss. Geotechnique, 1987, 37: 301-320.

[90] GERCEK H. Stresses Around Tunnels with Arched Roof. Proceedings of the seventh International Congress on Rock Mechanies, vol.2. Balkema, Rotterdam, The Netherlands: ISRM, 1991: 1297-1299.

[91] GERCEK H. An Elastic Solution for Stresses Around Tunnels with Conventional Shapes. International Journal of Rock Mechanics and Mining Sciences, 1997, 34 (3-4): 96.

[92] EXADAKTYLOS GE, STAVROPOULOU MC. A Close-form Elastic Solution for Stresses and Displacements Around Tunnels. International Journal of Rock Mechanics and Mining Sciences 2002, 39: 905-916.

[93] EXADAKTYLOS GE, LIOLIOS PA, STAVROPOULOU MC. A Semi-analytical Elastic Stress-displacement Solution for Notched Circular Openings in Rocks. International Journal of Solids and Structures, 2003, 40: 1165-1187.

[94] HUO H, BOBET A, FERNANDEZ G, et al. Analytical Solution for Deep Rectangular Structures Subjected to Far-field Shear Stresses. Tunnelling and Underground Space Technology, 2006, 21: 613-625.

[95] 刘允芳. 非圆形地下洞室的复变函数解法[J]. 力学与实践, 1987, 51: 121-126.

[96]　吕爱钟. 以孔边绝对值最大的切向应力最小为优化准则的孔洞形状优化 [J]. 固体力学学报，1996，17（1）：73-76.

[97]　蔡晓鸿，蔡勇斌，蔡勇平，等. 二向不等围压和内压作用下椭圆形洞室 的计算[J]. 地下空间与工程学报，2005，4（3）：453-459.

[98]　吕爱钟，蒋斌松. 岩石力学反问题[M]. 北京：煤炭工业出版社，1998.

[99]　刘金高，王润富. 马蹄形孔口和梯形孔口的应力集中问题[J]. 岩土工程学 报，1995，17（5）：57-64.

[100] SAGASETA C. Analysis of Undrained Soil Deformation Due to Ground Loss. Geotechnique, 1987, 37: 301-320.

[101] SAGASETA C. On the Role of Analytical Solutions for the Evaluation of Soil Deformations Around Tunnels. In Application of Numerical Methods to Geotechnical Problems, Cividini A（ed）, No. 397 in CISM Courses and Lectures. Springer: Vienna, 1998: 3-24. Invited Lecture.

[102] JEFFERY GB. Plane Stress and Plane Strain in Bipolar Coordinates. Transactions of the Royal Society of London, Series A, 1920, 221: 265-293.

[103] MINDLIN RD. Stress Distribution Around a Tunnel. Transactions of the ASCE, 1940: 1117-1153.

[104] MINDLIN RD. Stress Distribution Around a Hole Near the Edge of a Plate under Tension. Proceedings of the Society of Experimental Stress Analysis, 1948, 5: 56-57.

[105] VERNIJT A, Booker JR. Surface Settlements due to Deformation of a Tunnel in an Elastic Half Plane. Geotechnique, 1996, 46: 753-756.

[106] VRNIIJT A. A Complex Variable Solution for a Deforming Circular Tunnel in an Elastic Half-plane. International Journal for Numerical Analytical Methods in Geomechanics, 1997, 21: 77-89.

[107] STRACK OE, VRNIIJT A. A Complex Variable Solution Deforming Buoyant Turnel in a Heavy Elastic Half-plane. International Journal for Numerical and Analytical Methods in Geomechanies, 2002, 26: 1235-1252.

[108] VRNIIJT A. Deformations of an Elastic Half Plane with a Circular Cavity. International Journal of Solids and Structures, 1998, 35（21）: 2795-2804.

[109] 王立忠，吕学金. 复变函数分析盾构隧道施工引起的地基变形[J]. 岩土工 程学报，2007，29（3）：319-327.

[110] 韩煊,李宁. 隧道衬砌变形引起的地层位移规律探讨[J]. 西安理工大学学报, 2006, 22（4）: 369-372.

[111] 钱家欢,殷宗泽. 土工原理与计算[M]. 北京: 中国水利水电出版社, 1996.

[112] 谢家杰. 浅埋隧道的地层压力[J]. 土木工程学报, 1964, 6: 58-70.

[113] 潘家铮. 水工隧洞[M]. 上海: 科技卫生出版社, 1958.

[114] 汪胡祯. 水工隧洞的设计理论和计算[M]. 北京: 水利电力出版社, 1976.

[115] 朱伯芳,王同生,等. 水工混凝土结构的温度应力与温度控制[M]. 北京: 水利电力出版社, 1976.

[116] 吕有年. 水工有压隧洞温度应力的弹性理论计算法[J]. 水力发电学报, 1983, 3: 102-111.

[117] 蔡晓鸿,吕有年,高乐群. 水工有压隧洞温度应力 B.П. 伏尔可夫计算法的错误及其改正[J]. 土木工程学报, 1957, 20（1）: 85-93.

[118] 蔡晓鸿,吕有年. 水工有压隧洞弹性温度应力计算[J]. 水利发电, 1984, 11: 14-33.

[119] 蔡晓鸿. 水工有压隧洞温度应力变位谐调计算法[J]. 江西水利科技, 1991, 17（3）: 232-236.

[120] 蔡晓鸿. 水工有压隧洞衬砌伸缩缝间距设计新法[J]. 江西水利科技, 1994, 20（4）: 303-310.

[121] TALOBRE J A. Mechanique des Rockes[M]. Paris: Dunod, 1967.

[122] 李咏偕,施泽华. 塑性力学[M]. 北京: 水利电力出版社, 1987.

[123] KASTNER H. Statik des Turnel and Stollenbaues[M]. Berlin: Springer-Verlag, 1962.

[124] 任青文,张宏朝. 关于芬纳公式的修正[J]. 河海大学学报, 2001, 29（6）: 109-111.

[125] 任青文,邱颖. 具有衬砌圆形隧洞的弹塑性解[J]. 工程力学, 2005, 22（2）: 212-217.

[126] 王明斌. 有压隧洞结构稳定性力学模型研究[D]. 济南: 山东大学, 2009.

[127] 徐栓强,俞茂宏,胡小荣. 基于双剪统一强度理论的地下圆形洞室稳定性的研究[J]. 煤炭学报, 2003, 25（S）: 522-526.

[128] 范文,俞茂宏,陈立伟. 考虑材料剪胀及软化的有压隧洞弹塑性分析的解析解[J]. 工程力学, 2004, 21（S）: 16-24.

[129] 李同录,陈立伟,俞茂宏,范文. 考虑材料软化的洞室围岩弹塑性分析

的统一解[J]. 长安大学学报：自然科学版，2004，24（3）：45-52.

[130] 齐明山，蔡晓鸿，冯翠霞. 隧道围岩压力的弹塑性新解[J]. 土工基础，2006，20（2）：73-76.

[131] 蔡晓鸿，吕有年. 水工压力隧洞弹塑性应力计算[J]. 地下空间，1987，1：29-38.

[132] 蔡晓鸿，吕有年. 应用塑性强化理论推求圆形压力隧洞岩石抗力系数 K[J]. 岩土工程学报，1984，6（3）：44-56.

[133] 蔡晓鸿. 圆形压力隧洞岩石抗力系数 K 的普通计算式[J]. 人民长江，1988，8：7-17.

[134] 蔡晓鸿. 圆形压力隧洞岩石抗力系数 K 的理论和计算[J]. 工程力学，1988，5（3）：100-108.

[135] 吕有年，蔡晓鸿. 应用塑性强化理论分析隧洞衬砌和围岩的应力[J]. 土木工程学报，1985，15（3）：74-86.

[136] CARRANZA-TORRES C，FAITHURST C. The Elasto-plastic Response of Underground Excavations in Rock Masses that Satisfy the Hoek-Brown Failure Criterion. International Journal Rock Mechanics and Mining Sciences，1999，36：777-809.

[137] CARRANZA-TORRES C，FAIRHURST C. Application of the Convergence-Confinement Method of Tunnel Design to Rock Masses that Satisfy the Hoek-Brown Failure Criterion. Tunnelling and Underground Space Technology，2000，15（2）：187-213.

[138] CARRANZA-TORRES C. Dimensionless Graphical Representation of the Exact ElastoPlastic Solution of a Circular Tunnel in a Mohr-Coulomb Material Subject to Uniform Far-field Stresses. Rock Mechanics and Rock Engineering，2003，36（3）：237-253.

[139] CARRANZA-TORRES C. Elasto-plastic Solution of Tunnel Problems Using the Generalized Form of the Hoek-brown Failure Criterion. International Journal Rock Mechanics and Mining Sciences，2004，41（S）：629-639.

[140] BROWN ET，BRAY JW，LADANYI B，et al. Ground Response Curves for Rock Tunnels. Journal of Geotechnieal and Geoenvironmental Engineering，1983，109：15-39.

[141] WANG Y. Ground Response of Circular Tunnel in Poorly Consolidated Rock.

Journal of Technical and Geoenvironmental Engineering, 1996, 122: 703-708.

[142] SHARAN SK. Elastic-brittle-plastic Analysis of Circular Openings in Hoek-Brown media. International Journal Rock Mechanics and Mining Sciences, 2003, 40: 817-824.

[143] SHARAN SK. Exact and Approximate Solutions for Displacements Around Circular Openings in Elastic-brittle-plastic Hoek-Brown Rock. International Journal Rock Mechanics and Mining Sciences, 2005, 42: 542-549.

[144] PARK KH, TONTAVANICH B, LEE JG. A Simple procedure for Ground Response Curve of Circular Tunnel in Elastic–strain Softening Rock Masses. Tunnelling Underground Space Technol, 2008, 23: 151-9.

[145] WANG SL, YIN XT, TANG H, GE X. A New Approach for Analyzing Circular Tunnel in Strain-softening Rock Masses. International Journal Rock Mechanics and Mining Sciences, 2010, 1: 170-178.

[146] LEE YK, PIETRUSZCZAK S. A New Numerical Procedure for Elasto-plastic Analysis of a Circular Opening Excavated in a Strain-softening Rock Mass. Tunnelling Underground Space Technology, 2008, 23: 588-599.

[147] WANG S, ZHENG H, LI C, GE X. A Finite Element Implementation of Strain-softening Rock Mass. International Journal Rock Mechanics and Mining Sciences, 2011, 48 (1): 67-76.

[148] ZHANG Q, WANG SL, GE X. Elastoplastic Analysis of Circular Openings in Strain-softening Rock Masses. Chinese Journal of Rock Mechanics and Engineering, 2010, 29 (5): 1031-1035.

[149] CARRANZA-TORRES C, FAIRHURST C. The Elasto-plastic Response of Underground Excavations in Rock Masses that Satisfy the Hoek-Brown Failure Criterion. International Journal Rock Mechanics and Mining Sciences, 1999, 36: 777-809.

[150] ALONSO E, ALEJANO LR, VARAS F, et al. Ground Response Curves for Rock Masses Exhibiting Strain-softening Behavior. International Journal for Numerical and Analytical Methods in Geomechanics, 2003, 27: 1153-85.

[151] BROWN ET, BRAY JW, LADANYI B, et al. Ground Response Curves for Rock Tunnels[J]. Geotech. Eng., ASCE 109, 1983: 15-39.

[152] PARK KH，KIM YJ. Analytical Solution for a Circular Opening in an Elastic-brittle-plastic Rock. International Journal Rock Mechanics and Mining Sciences，2006，43：616-22.

[153] CARRANZA-TORRES C. Elasto-plastic Solution of Tunnel Problems Using the Generalized Form of the Hoek–Brown Failure Criterion. International Journal Rock Mechanics and Mining Sciences，2004，41：480-481.

[154] SHARAN SK. Analytical Solutions for Stresses and Displacements Around a Circular Openings in a Generalized Hoek–Brown Rock. International Journal Rock Mechanics and Mining Sciences，2008，40：78-85.

[155] JIANG BS，ZHANG Q，HE YN，et al. Elastoplastic Analysis of Cracked Surrounding Rocks in Deep Circular Openings. Chinese Journal of Rock Mechanics and Engineering，2007，26：982-986.

[156] YUAN WB，CHEN J. Analysis of Plastic Zone and Loose Zone Around Opening in Softening Rock Mass. Journal of China Coal Society，1986，3：77-86.

[157] CARRANZA-TORRES C. Self Similar Analysis of the Elasto-plastic Response of Underground Openings in Rock and Effects of Practical Variables[D]. University of Minnesota，1998.

[158] CARRANZA-TORRES C，FAIRHURST C. The Elasto-plastic Response of Underground Excavations in Rock Masses that Satisfy the Hoek–Brown Failure Criterion. International Journal Rock Mechanics and Mining Sciences，1999，36：777-809.

[159] SOFIANOS AI，HALAKATEVAKIS N. Equivalent Tunneling Mohr-Coulomb Strength Parameters for Given Hoek-Brown Ones. International Journal Rock Mechanics and Mining Sciences，2002，39：131-137.

[160] SOFIANOS AI. Tunnelling Mohr-Coulomb Strength Parameters for Rock Masses Satisfying the Generalized Hoek-Brown Criterion. International Journal Rock Mechanics and Mining Sciences，2003，40：435-440.

[161] SOFIANOS AI，NOMIKOS PP. Equivalent Mohr-Coulomb and Generalized Hoek-Brown Strength Parameters for Supported Axisymmetric Tunnels in Plastic or Brittle Rock. International Journal Rock Mechanics and Mining Sciences，2006，43：683-704.

[162] 李术才，李树忱，朱维申，等. 裂隙水对节理岩体裂隙扩展影响的 CT 实时扫描实验研究[J]. 岩石力学与工程学报，2004，23（21）：3584-3590.

[163] 李术才，李树忱，张庆松，等. 岩溶裂隙水与不良地质情况超前预报研究[J]. 岩石力学与工程学报，2007，26（2）：217-225.

[164] 李廷春，李术才，陈卫忠，等. 厦门海底隧道的流固耦合分析[J]. 岩土工程学报，2004，26（3）：397-401.

[165] 周志芳. 裂隙介质水动力学原理[M]. 北京：高等教育出版社，2006.

[166] 张有天，张武功. 裂隙岩石渗透特性渗流数学模型及系数量测[J]. 岩石力学，1982，（8）：41-52.

[167] 王媛. 裂隙岩体渗流及其应力耦的全耦合分析[D]. 南京：河海大学，1995.

[168] 盛金昌，速宝玉，王媛. 裂隙岩体渗流-弹塑性应力耦合分析[J].岩石力学与工程学报，2000，19（3）：304-309.

[169] 赵阳升，杨栋，郑少河. 三维应力作用下岩石裂缝水渗流物性规律的实验研究[J]. 中国科学：E 辑，1999，29（1）：82-86.

[170] 陈卫忠，杨建平，杨家岭. 裂隙岩体应力渗流耦合模型在压力隧洞工程中的应用[J]. 岩石力学与工程学报，2006，25（12）：2384-2391.

[171] 郑少河，朱维申. 裂隙岩体渗流损伤耦合模型的理论分析[J]. 岩石力学与工程学报，2001，20（2）：151-159.

[172] 张有天，张武功. 隧道水荷载的静力计算[J]. 水利学报，1980，3：52-62.

[173] 张有天，张武功，王镭. 再论隧洞水荷载的静力计算[J]. 水利学报，1985，3：22-32.

[174] 王建宇. 再谈隧道衬砌水压力[J]. 现代隧道技术，2003，40（3）：5-10.

[175] 王建宇. 隧道围岩渗流和衬砌水压力荷载[J]. 铁道建筑技术，2008，2：1-6.

[176] 王建秀，杨立中，何静. 深埋隧道衬砌水荷载计算的基本理论[J]. 岩石力学与工程学报，2002，9：1339-1343.

[177] 王建秀，杨立中，何静. 深埋隧道外水压力计算的解析-数值法[J]. 水文地质工程地质，2002，3：17-28.

[178] 王建秀，杨立中，何静. 深埋隧道涌水量数值计算中的试算流量法[J]. 岩石力学与工程学报，2002，21（12）：1776-1780.

[179] 王建秀，朱合华，叶为民. 隧道涌水量的预测及其工程应用[J]. 岩石力学

与工程学报，2004，23（7）：1150-1153.

[180] 彭涛. 对深埋隧道外水压力问题的几点讨论[J]. 水文地质工程地质，2003，2：107-108.

[181] 王建秀. 深埋隧道外水压力计算中几个问题的探讨[J]. 水文地质工程地质，2003，30（1）：95-97.

[182] 万志军，周楚良，罗兵全，等. 软岩巷道围岩非线性流变数学力学模型[J]. 中国矿业大学学报，2004，33（4）：468-472.

[183] 朱维申，李建华. 考虑岩体扩容、软化、流变效应的围岩应力状态[A]// 第三届全国岩土力学数值分析与解析方法讨论会论文集[C]. 珠海，1988.

[184] 袁静，龚晓楠，益德清. 岩土流变模型的比较研究[J]. 岩石力学与工程学报，2001，20（6）：772-779.

[185] 房营光，孙钧. 地面荷载下浅埋隧道围岩的粘弹性应力和变形分析[J]. 岩石力学与工程学报，1998，17（3）：239-347.

[186] 周培德. 圆形隧道衬砌围岩变形压力的时间效应[J]. 地下空间，1993，13（1）：18-25.

[187] 朱素平，周楚良. 地下圆形隧道围岩稳定性的粘弹性力学分析[J]. 同济大学学报，1994，22（3）：329-333.

[188] 万志军，周楚良，马文顶，等. 巷道：隧道围岩非线性流变数学力学模型及其初步应用[J]. 岩石力学与工程学报，2005，24（5）：761-767.

[189] 朱维申. 粘弹-塑性介质中围岩与衬砌的应力状态[J]. 力学学报，1981，1：56-67.

[190] 段艳燕，宋宏伟. 岩石峰后剪胀效应研究综述[J]. 地下空间与工程学报，2009（1）：1027-1030.

[191] 韩立军，贺永年，蒋斌松，张后全. 环向有效约束条件下破裂岩体承载变形特性分析[J]. 中国矿业大学学报，2009，（1）：14-19.

[192] 张宁，李术才，李明田，等. 新型岩石相似材料的研制[J]. 山东大学学报：工学版，2009，39（4）：149 154.

[193] 杨圣奇，戴永浩，韩立军，等. 断续预制裂隙脆性大理岩变形破坏特性单轴压缩试验研究[J]. 岩石力学与工程学报，2009，28（12）：2391-2404.

[194] 李银平，王元汉，陈龙珠，等. 含预制裂纹大理岩的压剪试验分析[J]. 岩土工程学报，2004，26（1）：120-124.

[195] 徐继光. 预置非贯通裂隙试样疲劳特性试验研究[D]. 西安. 西安理工大

学，2004.

[196] 张志涌，杨祖樱. MATLAB 教程[M]. 北京：北京航空航天大学出版社，2010.

[197] 蔡美峰. 岩石力学与工程[M]. 北京：科学出版社，2002.

[198] 韩建新，李术才，李树忱，杨为民，汪雷. 基于强度参数演化行为的岩石峰后应力-应变关系研究[J]. 岩土力学，2013，34（2）：342-346.

[199] 张凯，周辉，冯夏庭，等. 大理岩弹塑性耦合特性试验研究[J]. 岩土力学，2010，31（8）：2425-2434.

[200] 韩建新，李术才，李树忱，等. 贯穿裂隙岩体强度和破坏方式的模型研究[J]. 岩土力学，2011（S2）：178-184.

[201] 韩建新，李术才，李树忱，仝兴华，李文婷. 多组贯穿裂隙岩体变形特性研究[J]. 岩石力学与工程学报，2011，（S2）：3319-3325.

[202] 周创兵，陈益峰. 复杂岩体多场广义耦合分析导论[M]. 北京：中国水利水电出版社，2008.

[203] 陈洪凯，唐红梅，王林峰，叶四桥. 危岩崩塌演化理论及应用[M]. 北京：科学出版社，2009.

[204] 顾铁凤. 贯通裂隙条件下地下巷道失稳的理论分析[J]. 太原理工大学学报，2005，36（1）：30-32.

[205] 陈蕴生，刘晟锋，李宁，等. 裂隙对非贯通裂隙介质强度与变形特性影响的研究[J]. 西北农林科技大学学报：自然科学版，2007，7：39.

[206] 衣永亮，曹平，蒲成志. 静载下预制裂隙类岩石材料断裂实验与分析[J]. 湖南科技大学学报：自然科学版，2010，25（1）：67-71.

[207] 周辉，张凯，冯夏庭，等. 脆性大理岩弹塑性耦合力学模型研究[J]. 岩石力学与工程学报，2010，29（12）：2398-2409.

[208] BHASIN R，HOEG K. Numerical Modelling of Block Size Effects and Influence of Joint Properties in Multiply Jointed Rock. Tunnelling and Underground Space Technology，1998，13（2）：181-188.

[209] LGTERS G，VOORT H. In-Situ Determination of the Deformational Behavior of a Cubical Rock-mass Sample Under Triaxial Load. Rock Mechanics，1974，6：65-79.

[210] 李术才，韩建新，汪雷，等. 基于广义 Hoek-Brown 强度准则的岩体应变软化行为模型研究[J]. 中南大学学报，2013.

[211] HAN JIANXIN, TONG XINGHUA, WANG LEI, et al. Study on Post-failure Deformational and Residual Strength of Rock Mass Based on Hoek-Brown Criterion[J]. Applied Mechanics and Materials, 2012, 170: 121-124.

[212] 沈珠江. 应变软化材料变形计算中的若干问题[J]. 江苏力学, 1982 (6): 1-9.

[213] 郑宏, 葛修润, 李焯芬. 脆塑性岩体的分析原理及其应用[J]. 岩石力学与工程学报, 1997, 16 (1): 8-21.

[214] 王学滨. 基于梯度塑性理论的岩样峰后变形特征研究[J]. 岩石力学与工程学报, 2004, 23 (S1): 4292-4295.

[215] ALONSO E, ALEJANO L R, VARAS F, et al. Ground Response Curves for Rock Masses Exhibiting Strain-softening Behaviour[J]. Int J Numer Anal Meth Geomech, 2003, (27): 1153-1185.

[216] ALEJANOLR, RODRIGUEZ-DONOA, ALONSOE, et al. Ground Reaction Curves for Tunnels Excavated in Different Quality Rock Masses Showing Several Types of Post-failure Behavior[J]. Tunnelling and Underground Space Technology, 2009 (24): 689-705.

[217] LEE Y K, PIETRUSZCZAK S. A New Numerical Procedure for Elasto-plastic Analysis of a Circular Opening Excavated in a Strain-softening Rock Mass[J]. Tunnelling and Underground Space Technology, 2008, 23: 588-599.

[218] REZA R OSGOUIA, ERDAL ÜNALB. An Empirical Method for Design of Grouted Bolts in Rock Tunnels Based on the Geological Strength Index: GSI[J]. Engineering Geology, 2009, 107 (3-4): 154-166.

[219] BJURSTROM S. Shear Strength of Hard Rock Joints Reinforced by Grouted Untensioned Bolts. 3rd ISRM Congress, Denver, USA, 1974: 1194-1199.

[220] HIBINO S, MOTIJAMA M. Effects of Rock Bolting in Jointy Rock. International Symposium on Weak Rock, Tokyo, Japan, 1981: 1057-1062.

[221] GRASSELLI G. 3D Behaviour of Bolted Rock Joints: Experimental and Numerical Study[J]. International Journal of Rock Mechanics & Mining Sciences, 2005, 42 (1): 13-24.

[222] 邓少军, 阳军生. 水平互层岩体隧道锚杆支护参数优化研究[J]. 中国科技信息, 2010 (8): 61-65.

[223] 李文婷. 岩石峰后应变软化本构方程及数值模拟方法研究[D]. 济南：山东大学，2012.

[224] 赵星光，蔡明，蔡美峰. 岩石剪胀角模型与验证[J]. 岩石力学与工程学报，2010，29（5）：970-981.

[225] 郑颖人，孔亮. 岩土塑性力学[M]. 北京：中国建筑工业出版社，2010.

[226] YANG ZY, CHEN JM, HUANG TH. Effect of Joint Sets on the Strength and Deformation of Rock Mass Models. International Journal of Rock Mechanics and Mining Science，1998，35（1）：75-84.

[227] NASSERI MH，RAO KS，RAMAMURTHY T. Failure Mechanism in Schistose Rocks. International Journal of Rock Mechanics and Mining Science，1997，34（3/4）：219.

[228] NIANDOU H, SHAO J F, HENRY JP, et al. Laboratory Investigation of the Mechanical Behaviour of Tournemire Shale. International Journal of Rock Mechanics and Mining Science，1997，34（1）：3-16.

[229] 冒海军，杨春和. 结构面对板岩力学特性的影响研究. 岩石力学与工程学报，2005，24（20）：3651-3656.

[230] 孙广忠. 岩体结构力学. 北京：科学出版社，1988.

[231] 孙广忠. 论"岩体结构控制论". 工程地质学报，1993，9（创刊号）：14-18.